趣味天文學

Entertaining Astronomy

別萊利曼趣味科學系列

Я. И. Перельман　雅科夫・伊西達洛維奇・別萊利曼／著

劉玉中／譯　郭鴻典／校訂

全世界青少年最喜愛的趣味科普讀物
暢銷20多國，全世界銷量超過2000萬冊
世界經典科普名著，科普大師別萊利曼代表作

五南圖書出版公司印行

別萊利曼趣味科學系列

作者簡介

雅科夫・伊西達洛維奇・別萊利曼（Я.И.Перельман，1882～1942）並不是我們傳統印象中的那種「學者」，別萊利曼既沒有過科學發現，也沒有什麼特別的稱號，但是他把自己的一生都獻給了科學；他從來不認為自己是一個作家，但是他所著的作品印刷量卻足以讓任何一個成功的作家豔羨不已。

別萊利曼誕生於俄國格羅德諾省別洛斯托克市，17 歲開始在報刊上發表作品，1909 年畢業於聖彼德堡林學院，之後便全力從事教學與科學寫作。1913 ～ 1916 年完成《趣味物理學》，這為他後來創作的一系列趣味科學讀物奠定了基礎。1919 ～ 1923 年，他創辦了蘇聯第一份科普雜誌《在大自然的工坊裡》，並擔任主編。1925 ～ 1932 年，他擔任時代出版社理事，組織出版大量趣味科普圖書。1935 年，別萊利曼創辦並開始營運列寧格勒（聖彼德堡）「趣味科學之家」博物館，開展了廣泛的少年科學活動。在蘇聯衛國戰爭期間，別萊利曼

仍然堅持為蘇聯軍人舉辦軍事科普講座，但這也是他幾十年科普生涯的最後奉獻。在德國法西斯侵略軍圍困列寧格勒期間，這位對世界科普事業做出非凡貢獻的趣味科學大師不幸於 1942 年 3 月 16 日辭世。

別萊利曼一生共寫了 105 本書，大部分是趣味科學讀物。他的作品中許多部已經再版數十次，被翻譯成多國語言，至今依然在全球各地再版發行，深受全世界讀者的喜愛。

凡是讀過別萊利曼趣味科學讀物的人，無不為其作品的優美、流暢、充實和趣味化而傾倒。他將文學語言與科學語言完美結合，將實際生活與科學理論巧妙聯繫，把一個問題、原理敘述得簡潔生動而又十分精確、妙趣橫生─使人忘記了自己是在讀書、學習，反倒像是在聽什麼新奇的故事。

1959 年蘇聯發射的無人月球探測器「月球 3 號」傳回了人類歷史上第一張月球背面照片，人們將照片中的一座月球環形山命名為「別萊利曼」環形山，以紀念這位卓越的科普大師。

目 錄

地球和它的運動

第 1 章

⊂ℰ *1.1* 地球上和地圖上的最短航線

老師用粉筆在黑板上畫了兩個點，給學生出了一道這樣的題目：

「在這兩點之間畫一條最短的路線。」

小學生想了想，小心地在這兩點之間畫了一條曲折線。

「這就是最短的路線！？」老師驚訝道，「誰這樣教你的？」

「我爸爸教的，他是計程車司機。」

這位天真的小學生所畫的路線當然是可笑的。但是如果有人告訴你，圖 1 中虛線所表示的弧線恰好是從好望角到澳大利亞南端的最短距離，難道你還會發笑嗎？下面的說法恐怕更叫人驚奇了：圖 2 中用半圓形線條表示的從日本橫濱到巴拿馬運河的路線，竟然比圖中直線所表示的路線距離短！

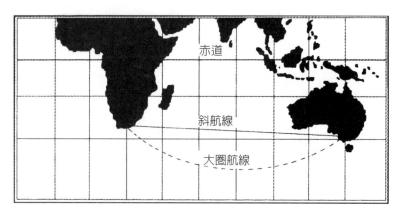

圖 1　在航海圖上，從好望角到澳大利亞南端的最短航線不是直線（斜航線），而是曲線（大圈航線）

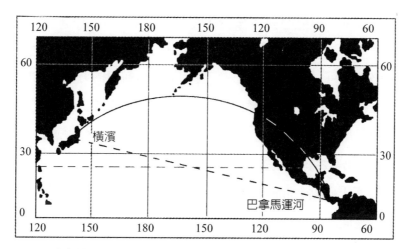

圖 2　讓人難以置信的是，在航海圖上連接橫濱和巴拿馬運河的曲
　　　線航線，竟然比這兩點之間的直線航線短

　　這些例子像是在開玩笑，然而事實上卻都是不容爭辯的真理。地圖繪製者們對這些道理十分清楚。

　　為了解釋清楚這個問題，我們需要粗略地談談地圖，尤其是航海圖。要在紙上畫出地球的表層部分，在原則上就不是一樁簡單的事情，因為地球是球形的。而我們知道，球形表面的任何部分都不可能在展開成平面的時候不產生重疊或者破裂。因此，我們就不得不遷就地圖上一些無法避免的歪曲。人們想出了很多種畫地圖的方法，但是所有的地圖都不是完美無缺的，地圖上總會有這樣或者那樣的缺點，完全沒有缺陷的地圖根本不存在。

　　航海家們所使用的地圖，是根據 16 世紀荷蘭地理學家和數學家麥卡托的方法繪製的。這種方法叫做「麥卡托投影法」。這種有方格的地圖很容易就能看懂：它的經線都是用平

行的直線表示，而緯線是使用垂直於經線的直線來表示（參見第 9 頁圖 5）。

　　現在大家來想一想，怎麼計算從某一個海港到同一緯度上的另一個海港的最短距離？海洋上所有的路線都可以通行，我們只需要知道最短航線的方向和位置，就可以沿著這條航線前進了。這種情況下，我們自然會想到，這條最短的航線應當位於兩個海港所在的那條緯線上。因為從地圖上來看，這條緯線是一條直線，又有什麼會比直線還短呢？但我們卻犯了一個錯誤：沿著緯線的航線並不是最短的。

　　事實上，球面上兩點之間的最短距離是通過它們的大圓弧線[1]。但緯線圈卻只是「小圓」。連接兩點之間的大圓弧線的曲率比小圓弧線的曲率小，因為圓的半徑越大，曲率就越小。

　　如果我們在地球儀上通過這兩點拉緊一條線（圖 3），就可以看到，這條線並不是沿著緯線延伸的。毫無疑問，這條拉緊的線表示的是最短航線，但是如果在地球儀上它不和緯線相重合的話，那麼在航海圖上最短航線就不能用直線來表示。因為航海圖上的緯線圈是用直線表示的，任何一條跟直線不重合的線，就應當是曲線。

　　由此就可以明白，為什麼在航海圖上的最短距離是用曲線而不是直線來表示的了。

　　據說，在修建從聖彼德堡到莫斯科的十月鐵路（那時候稱尼古拉鐵路）的時候，就如何選擇路線問題產生過無休止的爭論。最後在尼古拉一世的干涉下才結束了爭論：他決定使用「直線法」，用一條直線將聖彼德堡和莫斯科連接起來。如果在麥卡托地圖上將這條直線畫出來的話，結果將會出人意料地令人難堪──這條路線會是曲線而非直線。

1　球面上的「大圓」是指圓心和球心重合的圓，球面上所有其他的圓都叫做「小圓」。

圖 3 用一種簡單的方法就可以找出兩點之間的最短
距離：在地球儀上的這兩點之間拉緊一條線

　　誰如果不嫌麻煩，透過簡單的計算就可以證實一點：
地圖上看起來是曲線的航線，實際上比直線航線的距離還
短。假設我們要討論的兩個港口和聖彼德堡位於同一緯度
上，也就是北緯 60°，兩個港口之間的距離是 60°。（事實
上是否存在著這樣的兩個港口，對我們的計算不會產生影
響。）在圖 4 中，O 點表示地球中心，AB 代表港口 A 和
港口 B 之間的緯線圈，AB 弧長為 60°。C 點是緯線圈中心。

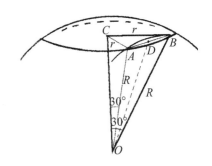

圖 4 地球上 A、B 兩點間緯圈弧
線和大圓弧線哪一條長？

假設我們以地球中心為圓心，經過 A、B 作一條大圓弧線，它的半徑 OB = OA = R；這條弧線會靠近緯線圈 AB，但是不會和它重合。

現在我們來計算每一條弧線的長度。由於 A、B 兩點的緯度是 60°，因此半徑 OA 和 OB 與地軸 OC 之間的角都是 30°。在直角三角形 ACO 中，30° 角所對的 AC 邊（等於緯線圈半徑）應該等於弦 AO 的一半，也就是 $r = \frac{R}{2}$；弧線 AB 的長度為緯線圈（360°）的 $\frac{1}{6}$，也就是 60°。由於緯線圈半徑是大圓半徑的一半，緯線圈長度也應該是大圓長度的一半，因此緯線圈弧線長度 $AB = \frac{1}{6} \times \frac{40000}{2} = 3333$ 公里（大圓長為 40000 公里）。

現在需要計算的是經過 A、B 兩點的大圓弧線長度（也就是這兩點之間的最短路線），必須要知道角 AOB 的大小。小圓上的弦 AB 對應的弧長為 60°，這條弦為這個小圓的內接正六邊形的一邊，因此 $AB = r = \frac{R}{2}$。通過地球中心 O 點，作一條連接弦 AB 中點 D 的直線 OD，我們得到一個直角三角形 ODA，角 D 為直角。

$DA = \frac{1}{2} BA$，又 $OA = R$，

因此，$\sin AOD = \frac{DA}{OA} = \frac{\frac{R}{4}}{R} = 0.25$。

查三角函數表可知，$\angle AOD = 14°28'.5$，

因此 $\angle AOB = 28°57'$。

現在就不難算出所求的最短路線是多少公里了。由於地球大圓一分的長度等於 1 海里，亦即大約 1.85 公里，所以可以簡單得出 $28°57' = 1737' \approx 3213$ 公里。

由此可知，航海圖上沿著緯線圈用直線表示的路線長 3333 公里，而沿著大圓的路線（在

航海圖上是曲線）長 3213 公里，後者比前者少了 120 公里。

　　只需要用一條線和一個地球儀，大家就可以簡單地檢驗上述各圖中所畫的線路是否正確，並可以證實，大圓弧線的位置是否確實跟圖上所畫的一致。在圖 1 中所畫的從非洲到澳大利亞的「直線」航線爲 6020 海里，而「曲線」航線爲 5450 海里，後者比前者要短 570 海里，或者 1050 公里。在航海圖上，從倫敦到上海的「直線」航空線是需要穿過裏海的，而事實上最短的航空線應該經過聖彼德堡再往北。顯然，這些問題對於節省時間和燃料起著十分重要的作用。

　　在使用帆船航海的時代，人們並不一定把時間看得很重要，因爲在那個時代「時間」還不是「金錢」的代名詞。然而，自從出現了輪船之後，多使用一噸煤，就得多花一噸煤的錢。這就是爲什麼在我們的時代，輪船一定要沿著眞正最短的航線前行，因此所使用的地圖經常都不是麥卡托地圖，而是一種叫做「心射投影」的地圖 —— 在這種地圖上大圓弧線是用直線表示的。

　　那麼爲什麼從前的航海家卻要使用那些不正確的地圖，並且選擇不適當的航線呢？大家可能會認爲，這是因爲在古代人們還不知道我們所說的航海圖的特點，但這種想法是錯誤的。問題的關鍵是，雖然使用麥卡托法繪製的地圖有某些缺陷，但是對航海家們來說卻有非常大的價值。首先，這種地圖表示的地球表面的個別小區域並沒有被歪曲，而是保持著本來的角度。不過這一點對於遠離赤道的地方就不適用了，因爲那些地方的地面輪廓比實際的還大。在高緯度地區，地面輪廓拉伸得相當大，如果一個不熟悉航海圖特點的人看到這樣的地圖，就會對大陸的實際大小產生完全錯誤的印象。比如說，他會覺得格陵蘭島

和非洲一樣大，阿拉斯加比澳大利亞大，但實際上格陵蘭島的大小只有非洲的 $\frac{1}{15}$，阿拉斯加加上格陵蘭島也才只有澳大利亞的一半大小。然而熟悉航海圖這種特點的航海家就不會產生這樣的迷惑。他們能夠容忍航海圖的這種特點，何況對於範圍不大的區域，航海圖上的形狀跟實際情況也是極其相似的（圖5）。

所以，航海圖可以大大簡化實際航海問題，這是唯一一種用直線來標示輪船定向航行的地圖。「定向航行」指的是沿著一個不變的方向，保持一定的「方向角」。換句話說，「定向航行」就是指輪船前進的路線和所有經線相交的角度都是相等的。而這樣的航線（也叫斜航線[2]）只有在所有經線都是相互平行的直線的地圖上才能用直線表示出來。由於地球上的經線圈和緯線圈相交的角度都呈直角，所以在這種航海地圖上，緯線圈就應當是垂直於經線的直線。簡單來說，我們所看到的就是經緯線繪成方格網的地圖，這正是航海圖的特點。

現在我們就明白了，為什麼航海家們對麥卡托地圖情有獨鍾。當領航員需要確定航行到指定的港口應採取的路線時，他就會拿一把尺在出發的海港和指定到達的海港之間畫一條直線，並且測量這條直線和經線相交形成的角度大小。在空曠的海洋上，領航員只要永遠沿著這個方向前進，就能準確無誤地將船隻駛到目的地。大家可以看到，雖然「斜航線」並不是最短和最經濟的航線，但在某種程度上，對航海家來說卻是十分方便的航線。假如說，我們要從好望角到達澳大利亞南端（圖1），就需要一直沿著南 87.50° 東的方向航行。如果想要走最短的航線（大圈航線），從圖中可以看出，必須不斷改變航行方向：先取南 42.50° 東的方向，到達時為北 53.50° 東方向。但是，此種情況下，最短航線實際上甚至不

2　實際上斜航線是一條螺旋線似的線，纏繞在地球上。

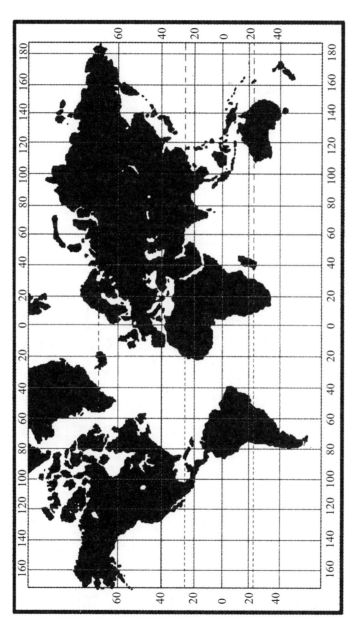

圖 5　全球航海圖（麥卡托地圖）。在這種地圖上，高緯度地方的輪廓擴大得相當厲害。例如，是格陵蘭島大，還是非洲大？

存在，因為此時的航線要觸及南極冰層了。

　　這兩種航線（斜航線和大圈航線）也會重合，這種情況發生在當大圈航線在航海圖上剛好是用直線表示的時候，也就是沿著赤道或者經線的時候。在其他任何情況下，這兩種航線都是不一樣的。

☞ 1.2　經度和緯度

　　【題】讀者們肯定對地理學上的經緯線有充分的認識。但我相信，不是所有人都能正確回答下面這個問題：

　　是不是一度緯度總比一度經度長？

　　【解】大多數人都相信，每一條緯線圈都比經線圈小。因為經度是按照緯線圈長度來計算的，而緯度是依據經線圈長度計算的，所以得出結論說，一度經度的長度無論如何都不會超過一度緯度的長度。但這種人卻忘記了，地球不是一個標準的圓球，而是橢圓體，赤道上稍微突出。在這個橢圓體的地球上，不僅赤道比經線圈長，並且靠近赤道的緯線圈也比經線圈長。計算結果顯示，從赤道一直到緯度 5°，緯線圈上的一度（即經度）都要比經線圈上的一度（即緯度）長。

∝ 1.3　阿蒙森[3]是往哪個方向飛的？

【題】從北極返回的時候，阿蒙森是往哪個方向飛的？當他從南極返回的時候，又是往哪個方向飛的呢？

回答問題的時候，請不要翻閱這位偉大的旅行家的日記。

【解】北極是地球的最北端。因此，從北極出發時不論往哪個方向前進，我們都是往南走。阿蒙森從北極返回的時候，只能往南、而不會往其他方向飛。下面是他在乘坐「挪威號」飛艇飛往北極時的日記片段：

「『挪威號』繞著北極飛了一圈，然後我們繼續前行……從那時起，航行的方向一直向南，直到飛艇降落在羅馬城。」

同樣，從南極返回的時候，阿蒙森只能往北飛。

普魯特果夫寫過一篇滑稽的故事，講述的是一個土耳其人落到「最東邊的國家」裡的情形。

「前面是東，左右兩邊也是東。那西方在哪裡呢？你們也許會覺得，他無論如何也會看見某一點吧，就如同看見隱隱約約在遠處擺動的某一點一樣？……不是的！他後面也是東。一句話，四面八方都是東方。」

3　羅阿爾德・阿蒙森（Roald Amandsen, 1872～1928），挪威極地探險家。1926 年 5 月 11 日，他與埃爾斯沃思乘坐「挪威號」飛艇，從孔格斯灣起飛，飛越北極點，歷時 72 小時到達美國阿拉斯加的巴羅角。這是人類首次對北極點進行考察觀測。

地球上並不存在這樣一個國家，它的所有方向都是東。但是地球上確有這樣的地方，它周圍都是南方。同樣，也有周圍都是北的地方。如果在北極修建一座房屋，那麼它的四面牆都會朝南。

∞ 1.4　五種計時法

我們已經習慣於使用各種鐘錶，甚至根本就沒有想過它們所指的時間有什麼意義。我相信，讀者中只有少數人能夠解釋出，當有人說「現在是晚上七點鐘」的時候，他想要表達的到底是什麼意思。

難道這句話的意思就是說，鐘錶上的時針指著數字 7 嗎？這個數字有什麼意義呢？它表明，中午之後時間已經過去了一個晝夜的 $\frac{7}{24}$。那麼這又指的是什麼樣的中午之後呢？又是什麼樣的一個晝夜的 $\frac{7}{24}$ 呢？一個晝夜是什麼意思？有句俗語是這樣說的：「白天和黑夜——過去了一晝夜」，這裡的一晝夜指的是地球繞它自己的軸心、並以太陽為參照自轉一周的時間。實際上，這個時間是這樣來測量的：以天空中位於觀測者頭頂上的一點（天頂）和地平線上正南的一點之間為一條線，觀測太陽（確切地說，是太陽的中心）連續兩次經過這條線的時間。這個時間間隔並不是固定不變的：太陽經過上述那條線的時間，有時候會早一些，有時候則晚一點。根據這個「真正的中午」來校正鐘錶是不可能的。即便是最巧妙的鐘錶匠也不可能將鐘錶的時間校正得嚴格按照太陽的運行來顯示。100 年前，巴黎的鐘錶匠們就在他們的招牌上寫過這樣的話：「太陽指示的時間是騙人的。」

　　我們的鐘錶都不是按照真正的太陽，而是根據某種想像的太陽來校準的。這個想像的太陽既不會發光，也不會發熱，它是人們為了正確計時而想像出來的。假設自然界有這樣一個天體，一年四季總是等速運行，它繞地球一周的時間恰好是我們現在真實存在的太陽繞地球一周（當然，只是好像如此）所需要的時間。這個想像中的天體在天文學上稱為「平均太陽」。它經過天頂和正南方連線的那個瞬間叫做「平均中午」，兩個平均中午之間的時間間隔就是「平均太陽日」，這樣計算出來的時間就叫做「平均太陽時間」。鐘錶正是依據這個平均太陽時間來報時的，而用指針影代替指針的日晷所顯示的時間就是當地真正的太陽時間。

　　讀者看了以上描述之後可能會產生這樣一種印象，即以為地球繞地軸旋轉的速度是不均勻的，這樣就會產生太陽日的不等。這種想法是不正確的，因為晝夜的不等是由地球的另外一種運動的不等速性引起的──地球繞太陽公轉。我們接下來會討論這種現象對晝夜長短是如何產生影響。在圖 6 中，大家可以看到地球在公轉軌道上的兩個連續位置。

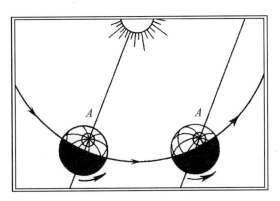

圖 6　為什麼太陽日比恆星日長？

　　圖 6 中地球右下方的箭頭表示的是地球繞地軸旋轉的方向：如果從北極往下看，這個方向是逆時針的。現在 A 點是中午，此時 A 點正好正對著太陽。假設地球繞地軸自轉了一周，在這段時間裡，它同時繞太陽公轉軌道向右轉動到另一個位置了。通過 A 點的地球半徑還是和前一天的方向一致，但 A 點此時並非正對著太陽。對於站在 A 點的人而言，中午還沒有到來：太陽還位於上述那條線的左側。地球需要再旋轉幾分鐘，A 點才會到中午。

　　這能說明什麼問題呢？這說明，兩個真正太陽中午之間的時間間隔，比地球繞地軸旋轉一周的時間要長。如果地球等速繞太陽公轉，公轉軌道是以太陽為圓心的一個圓，那麼地球繞地軸自轉一周需要的時間，和我們此處所說的以太陽為依據的時間之間的差距就應當每天都是一樣的。這個時間差很容易就能計算出來，如果我們注意到，這些不太大的差額在一年之內加起來剛好是一晝夜（地球繞太陽公轉一年需要的時間，比其圍繞地軸自轉一年的時間多出一天，這一天恰好是地球自轉一圈的時間）；這就是說，地球自轉一周所需的時間為：

$$365\frac{1}{4}\text{ 晝夜} \div 366\frac{1}{4} = 23\text{ 小時 } 56\text{ 分 } 4\text{ 秒}$$

　　我們注意到，一個晝夜的實際時間不是別的，正好是地球以任何恆星為準自轉一周所需要的時間，這樣的晝夜被稱為「恆星日」。

　　這樣，恆星日平均比太陽日要短 3 分 56 秒，四捨五入後可以記作 4 分鐘。但這個時間差也並非固定不變的，原因是：①地球並不是沿著正圓軌道繞太陽作等速公轉，在有些地方（離太陽較近的地方）地球的公轉速度較快，而在另外一些地方（離太陽較遠的地方）速度較慢；②地球自轉的軸跟它繞太陽公轉的平面之間是傾斜的。由於這兩個原因，在不

同的日子裡，實際太陽時間和平均太陽時間之間就是不同的，有時候這個時間差可以達到 16 分鐘。一年之中只有 4 天，這兩個時間才是相同的：

4 月 15 日、6 月 14 日、9 月 1 日、12 月 24 日

另外，在 2 月 11 日和 11 月 2 日，真正太陽日和平均太陽日之間的差別達到最大值：大約是 15 分鐘。從圖 7 中，可以看出一年內這兩個時間的差別情況：

這個圖叫做時間方程圖，圖中表示的是真正太陽中午和平均太陽中午之間的時間差，比如 4 月 1 日的時候，真正中午在準確鐘錶上的時間應當是 12 點 5 分；換句話說，這條曲線表示的是真正太陽中午的平均時間。

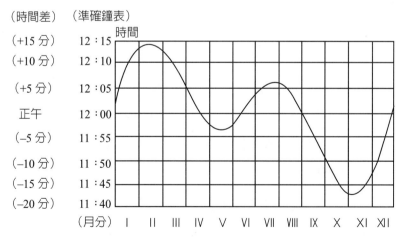

圖 7　這個曲線表示出真正太陽日的中午在平均太陽時間是幾點幾分，
比如 4 月 1 日的真正中午在準確的鐘錶上應指到 12 點 5 分

　　1919 年之前，蘇聯人是按照當地的太陽時間來計時的。在地球不同經線上，平均中午的時間是不相同的（當地中午），因此每個城市都是按照自身的當地時間來計時。只有火車的執行時間是使用全國通用的時間：當時全國通用的時間是聖彼德堡地方時。人們將「城市時間」和「火車站的時間」區分開來──前者指的是當地平均太陽時間，是城裡所有鐘錶上的時間；後者指的是聖彼德堡的平均太陽時間，即火車站鐘錶顯示的時間。現在，所有的火車則都按照莫斯科時間來運行了。

　　從 1919 年起，蘇聯用於計時的時間不再是地方時間，而是所謂的「時區」時間。在沒有採用時區計時的時候，地球上存在很多個不同的時間。人們依據經線將地球劃分為 24 個相等的「時區」，同一個時區內的各個地方都採用同樣的時間，這個時間是平均太陽時間，是這個時區中間經線的時間。這樣，在整個地球上，每一瞬間都只有 24 個不同的時間。

　　我們談到了三種計時方法：①真正太陽時間、②平均本地太陽時間、③時區時間。此外還應當加上只有天文學家才使用的時間，即恆星時間。恆星時間是使用上面所談到的恆星日來計算的。我們已經知道，恆星日比平均太陽日要短約 4 分鐘。每年 3 月 22 日的時候，這兩個時間彼此相同。但從第二天起，恆星時間就會比平均太陽時間快 4 分鐘。

　　最後，還有第五種時間，即所謂的夏令時間，簡稱「夏令時」。蘇聯所有的人們一年到頭都採用這種時間，而大多數西方國家只有夏季才使用這種時間。

　　夏令時比時區時間提前一個小時。這樣做的目的是在一年中日照長的季節（從春到秋）可以把作息時間提前一些，這樣就可以減少人工照明所需要的能源消耗，其方法是正式將時針往前撥快一個小時來設定夏令時。在西方國家，每年春節的時候撥快一個小時（在半夜一點鐘時撥成兩點鐘），然後秋季的時候再將時間撥慢一個小時。

在蘇聯，一年四季都需要撥時鐘，也就是說不僅夏季，在冬季的時候也需要。雖然這樣並不能減少照明所需的能量，但是卻可以使電站的負荷更均衡。

蘇聯是從 1917 年開始使用夏令時的[4]。有時候，不僅將時鐘撥快兩個小時，甚至是三個小時；在中斷了幾年之後，又從 1930 年起重新實行了夏令時，但是只比時區時間提前了一個小時。

ぴ 1.5　白晝的長短

每一個地方一年內的任何一天的白晝長短，都可以參照天文年曆表進行計算。但我們的讀者在日常生活中並不一定需要這樣精確的計算，如果讀者只想知道近似的數值，那麼圖 8 就已經足夠了。圖中左側的數字表示的是白晝的小時數；最下端是太陽跟天球赤道的角距。這個角距用度數來表示，叫做太陽「赤緯」；最後，圖中的斜線表示觀測地點的緯度。

如果需要利用這張圖，應該要先知道一年中的各天太陽與天球赤道的角距（也叫赤緯）大小。相應的資料參見下頁表格。

下面我們舉例說明，如何使用這個表格。

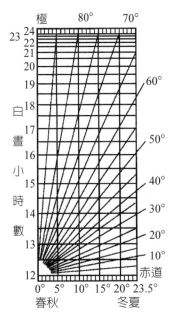

圖 8　推算白晝長短的圖表

4　這一法案的提出，是由於本書作者的建議。──編者注

① 找出聖彼德堡（緯度 60°）4 月中旬的畫長。

從表格中我們可以發現，4 月中旬的時候太陽赤緯，亦即太陽和天球赤道之間的角距是 +10°。在圖 8 中，我們在最下端找到 10° 這一點，並作一條垂直於底邊的直線，使其和緯度為 60° 的斜線相交。這個交點橫向對應的左側數字為 $14\frac{1}{2}$，也就是說，所求的畫長時數大約為 14 小時。我們說「大約」，是因為這張圖表並沒有將所謂的「大氣折射」所產生的影響計算在內（見第 36 頁圖 15）。

日期	太陽赤緯	日期	太陽赤緯
1 月 21 日	−20°	7 月 24 日	+20°
2 月 8 日	−15°	8 月 12 日	+15°
2 月 23 日	−10°	8 月 28 日	+10°
3 月 8 日	−5°	9 月 10 日	+5°
3 月 21 日	0	9 月 24 日	0
4 月 4 日	+5°	10 月 6 日	−5°
4 月 16 日	+10°	10 月 20 日	−10°
5 月 1 日	+15°	11 月 3 日	−15°
5 月 21 日	+20°	11 月 22 日	−20°
6 月 22 日	+23.5°	12 月 22 日	−23.5°

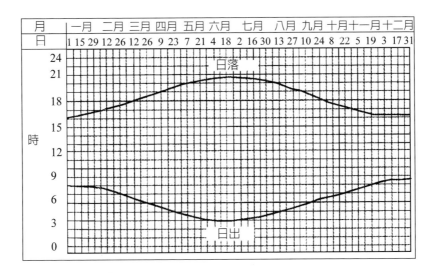

圖 9　緯度為 50° 的地區一年內太陽升落時間表

② 找出阿斯特拉罕（緯度 46°）11 月 10 日的晝長。

11 月 10 日的太陽赤緯為 −17°（太陽位於天球的南半球）。方法同上，我們求出這一天的白晝長為 $14\frac{1}{2}$ 小時。但是由於這一天的太陽赤緯是負數，因此這個數字表示的不是晝長，而是夜長。所以，所求的晝長應該是 $24 - 14\frac{1}{2} = 9\frac{1}{2}$ 小時。

我們甚至可以求出日出時間。將 $9\frac{1}{2}$ 小時對半，得到 4 小時 45 分。從圖 7 中可知，11 月 1 日真正中午的時間是 11 點 43 分，這樣我們就可以得出日出時間：11 點 43 分減去 4 點 45 分，等於 6 點 58 分。這一天的日落時間為 11 點 43 分加上 4 點 45 分，等於 16 點 28 分，也就是下午 4 點 28 分。可見，圖 7 和圖 8 在必要的時候可以代替相應的天文年曆表格。

利用剛才講述的方法，大家就可以建立一個表格，用以表示我們所居住的地方全年內的日出、日落時間以及畫長。圖 9 表示的是緯度 50° 的地方日出、日落及畫長（這個圖表是根據地方時而非夏令時繪製的）。只需要仔細觀察，大家就能明白應當如何繪製類似的圖表了。如果我們繪製出所在緯度的圖表，只需要看一眼就可以馬上說出太陽在一年內的某天升起和降落的大約時間。

☾ *1.6* 不同尋常的陰影

圖 10 上畫的是一個人，這張圖顯得有些不可思議，因為這個人在光天化日之下幾乎沒有影子。

但這確實是一張真實的繪畫，不過不是創作於我們所處的緯度，而是在靠近赤道地區，當太陽差不多垂直於觀測者的頭頂（即太陽位於天頂）時。

在作者所處的緯度地區，太陽永遠都不會出現在天頂，所以不可能看到這樣的情景。6 月 22 日的時候，我們所在的地區的正午太陽達到最高值，此時它在位於北回歸線（北緯 $23\frac{1}{2}°$）上各地的天頂。半年之後，太陽將位於南回歸線上各地的天頂。此外，在南北回歸線之間的熱帶地區，太陽會每年兩次位於天頂，在這些時候，太陽照耀下的物體都不會有影子：因為影子正好位於物體的正下方。

圖 11 所示的情景雖然是虛構的，但卻具有教育意義。一個人不可能同時產生 6 個影子，畫圖的人是想用這種方法直觀地顯示極地地區太陽的特點：人的影子在一天的各個時間都

圖 10　光天化日下幾乎沒有影子的人，這是根據在赤道附近所照的相片畫的

是一樣長的。原因是，在極地地區，太陽的運動路線並不是像我們這些地方一樣和地平線相交，而幾乎是跟地平線平行的。

畫圖的人卻犯了一個錯誤，他所繪製出來的人的影子和人的身高之間比較起來太短了。如果人的影子果眞如畫中那樣長，那麼這應該是太陽高度大約爲 40° 的情景，但這在極地地區是不可能的：這些地方的太陽高度永遠少於 $23\frac{1}{2}$°。熟悉三角學的讀者，可以輕易就計算出，極地地區物體的最短影子不會比物體本身高度的 2.3 倍還短。

圖 11　一天之內，極地地區物體的影子長度不會發生變化

∽ *1.7*　一道關於兩列火車的題目

【題】兩列完全相同的火車，以相同的速度相向而行（圖 12）。

其中，一列火車由東向西行駛，另一列由西向東行駛。請問：哪一列火車更重？

【解】由東向西（與地球自轉方向相反）的那列火車重，因為作用於鐵軌的壓力比較大。這列火車繞地軸運動的速度稍慢些，由於離心力的影響，它相對於由西向東運行的那列火車來說，本身失去的重量要少一些。

那麼，這之間的差別到底有多大呢？我們假設，在緯度 60° 附近有兩列火車，它們的運行速度為每小時 72 公里，或者每秒鐘 20 公尺。我們知道，在該地區，地球表面的各點均以每秒鐘 230 公尺的速度繞地軸旋轉。由此可知，順著地球自轉方向往東運行的火車，其旋轉的速度應當把 230 加上，也就是每秒鐘 250 公尺；而和地球自轉方向相反往西運行的火車，其旋轉速度則為每秒鐘 210 公尺（230 減去 20）。由於緯度 60° 地區的緯線圈半徑是 3200

圖 12　一道關於兩列火車的題目

公里，因此對第一列火車而言，向心加速度爲：$\dfrac{V_1^2}{R} = \dfrac{25000^2}{320000000}$ 公分／秒^2。

第二列火車的向心加速度爲：$\dfrac{V_2^2}{R} = \dfrac{21000^2}{320000000}$ 公分／秒^2。

這兩列火車的向心加速度之間的差爲：

$$\frac{V_1^2 - V_2^2}{R} = \frac{25000^2 - 21000^2}{320000000} \approx 0.6 \text{ 公分／秒}^2$$

因爲向心加速度的方向與重力方向之間的角是 60°，所以我們只需要考慮向心加速度對重力施加影響的那部分即可，亦即 0.6 公分／秒^2×cos60° = 0.3 公分／秒^2。

將這個數值和重力加速度相除，$\dfrac{0.3}{980}$，結果大約是 0.0003。

因此，向東行駛的火車相對於向西行駛的火車來說，其重量比較輕，所輕的重量爲火車重量的 0.0003 倍。假設火車包括 1 個火車頭和 45 個運貨車廂，重量爲 3500 噸，那麼這個重量差值就應當爲：

$$3500 \times 0.0003 = 1.05 \text{ 噸} = 1050 \text{ 公斤}$$

對於排水量爲 20000 噸的大輪船來說，如果它運行的速度爲每小時 35 公里，那麼重量差可以達到 3 噸。輪船向東運行時減輕的重量，會在水銀氣壓計上表現出來。向東運行的輪船與向西運行的輪船相比，如果速度爲每小時 35 公里，那麼前者的氣壓計高度比後者少 0.00015×760 = 0.1 毫米。甚至是在聖彼德堡大街上行走的人，如果速度爲每小時 5 公里，那麼，他由西往東行走比他由東向西行走時要輕 1 克。

∝ *1.8*　用懷錶找方向

　　大家都知道在晴天的時候用懷錶找方向的方法。表面的擺放應該是這樣的：讓時針指向太陽的方向。時針與錶面上 6 ～ 12 的那條線之間的夾角平分，所得的等分角線指向正南方（圖 13）。這個方法的根據不難理解，太陽在天空轉一圈需要 24 小時，時針在鐘錶表面轉一圈需要 12 小時，也就是說，在同樣的時間內，時針在錶面所走的弧是太陽在天空中所走的兩倍。因此，如果時針在中午的時候正指著太陽，那麼一段時間過後，它就會超過太陽，所轉過的弧是太陽轉過的兩倍。因此，如果按照上述方法將時針轉過的弧進行平分，我們就能得出在中午的時候太陽位於天空中的位置，這個位置就是南方。

　　然而經驗表明，此種方法十分不精確，誤差有時候可達幾十度。要明白為什麼會這樣，我們就得仔細研究方法。不精確的主要原因在於懷錶表面和地平面是平行的，而太陽轉動的路線只有在極地地區才跟地平面平行，在其他所有的緯度地區，它的路線和地平面之間都呈一定的角度——在赤道上為直角。因此，用懷錶找方向只有在極地地區才會準確無誤，而在其他地方不可避免地會產生或大或小的誤差。

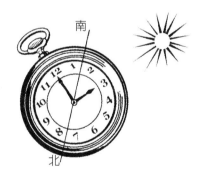

圖 13　用懷錶找方向的方法，很簡單但不是很準確

　　我們現在來看圖 14(a)。假設觀測者位於 *M* 點；*N* 點為北極；圓 *HASNRBQ* 為天球子午線，它經過觀測者的天頂和天球北極。可以簡單計算出觀測者所處的緯度，為此只需要量角器測出天球北極在地平面 *HR* 上的高度 *NR* 就可以了。這

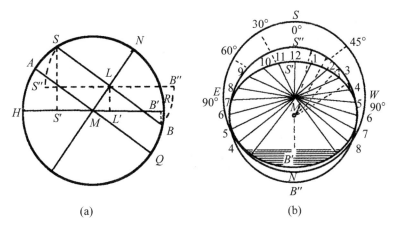

圖 14　為什麼把懷錶當做指南針，得不到準確的指示呢？

個高度等於當地的緯度[5]。從 M 點往 H 點的方向看，觀測者的前方就是南方。在這幅圖中，太陽在天空中的運行路線是用一條直線表示的，這條直線的一部分位於地平面之上（太陽白晝所走的路），一部分位於地平面之下（黑夜所走的路）。直線 AQ 表示的是太陽在春分和秋分所走的路線。我們可以看到，此時白晝所走的路線和黑夜所走的路線是相等的。直線 SB 表示的是太陽在夏季時的運行路線，它和直線 AQ 平行，但它的大部分在地平面之上，只有較少的一部分位於地平面之下（我們可以回憶一下夏夜的短促）。太陽在其圓形路徑上每小時運行全長的 $\frac{1}{24}$，也就是 $\frac{360°}{15°} = 15°$。但是午後 3 小時，太陽並不像我們所想像的那樣位於地平面的西南方向（15°×3 = 45°）。產生這個誤差的原因是，太陽路徑上的相等弧線投射到地平面上的投影並不相等。

5　關於這一點在作者的《趣味幾何學》中的〈魯濱遜的幾何學〉一章裡有解釋。

如果我們仔細觀察圖 14(b)，這種情況就更直觀。圖中的圓 *SWNE* 表示的是從天頂往下看的地平面圈；直線 *SN* 表示天球子午線；觀測者位於 *M* 點，太陽一晝夜在天空中所走的圓形路徑中心，投射到地平面上的 *L′* 點（參看圖 14(a)）；太陽圓形路徑圈成橢圓形投射到地平面上（*S′B′*）。

我們現在來看看太陽運行的圓形路線 *SB* 上等分點在地平面上的投射情況。為此，我們把圓形路徑 *SB* 移動到與地平面水平的位置（圖 14(a) 中的 *S″B″*），將這個圓分成 24 等分，做出其在地平面上的投影圖。為了畫出橢圓 *S′B′* 上的等分點——太陽運行的圓形路線的投射圖，我們從圓形路線 *S″B″* 上的各等分點作平行於 *SN* 的直線。顯然，我們得到的將是些不相等的弧線。對觀測者來說，這些弧線會顯得更加不相等，因為他並不是站在橢圓的中點 *L* 上，而是站在旁邊的 *M* 點。

我們現在來計算一下，在緯度 53° 上的夏天，使用懷錶錶面測定方向時，究竟會產生多大的誤差。這個時候，太陽日出的時間為早上 3 ～ 4 點之間（圖 14(b) 中的橫線部分表示的是黑夜）。太陽到達正東方向 *E* 點（距離正南 90°）的時間不是懷錶所顯示的 6 點，而是 7 點半；在離正南 60° 的地方，太陽升起的時間不是早上 8 點，而是 9 點半；在離正南 30° 的地方，太陽不是在 10 點而是在 11 點的時候升起；在西南方向（正南往西 45°），太陽不是在下午 3 點而是在 1 點 40 分的時候出現；太陽到達西邊不是下午 6 點，而是 4 點半。

如果我們考慮到一點，即懷錶所表示的是夏令時，跟當地的真正太陽時並不相符的話，那麼，用這個方法測定方向所出現的不準確性就更大了。

所以，雖然懷錶可以當指南針用，但是卻是極不可靠的。在春秋分時節（此時觀測者所在的位置沒有偏心距）和冬天的時候用懷錶測定時間的誤差最小。

ᘓ*1.9*　白夜和黑晝

　　從 4 月中旬開始，聖彼德堡進入「白夜」時期，而從這些「熹微朦朧」和「無月的亮光」等奇異的光輝中，衍生出了多少詩情畫意！文學傳統賦予了白夜和聖彼德堡以深深的不解之緣，以致大家都自然地把它們當做我們古都的一道風景名勝。實際上，白夜是一種相當常見的天文學現象，在所有高於一定緯度的地區都會出現。

　　如果我們拋開詩意不談，而僅僅從天文學上來看待這種現象的話，那麼白夜就跟晨曦和晚霞並無二致。普希金將這個現象的實質性定義為晨曦和晚霞的結合：「不讓黑夜沖進那金黃色的天空，一種霞光從容地代替了另一種……」在那些緯度地區，如果太陽在晝夜運行過程中不會降落到地平面以下 $17\frac{1}{2}°$ 的話，那麼當晚霞還沒有來得及隱退的時候，晨曦便已經出現了，這樣就連半個小時的黑夜都不會有。

　　顯然，並非聖彼德堡或者其他某個地方才能觀察到這一現象。白夜的地區界限是可以用天文學方法計算出來的。事實上，在聖彼德堡更南的一些地區，也可以觀察到白夜這種現象。

　　在 5 月中旬或者到 7 月底這段時間內，莫斯科的市民也可以欣賞到白夜景觀。雖然在莫斯科看到的白夜不如在聖彼德堡看到的明亮，但是聖彼德堡 5 月的白夜卻能在莫斯科的整個 6 月和 7 月初出現。

　　白夜地區的最南界限，在蘇聯境內位於波爾塔瓦所處的 $49°$（$66\frac{1}{2}° - 17\frac{1}{2}°$）緯度上。這個地區一年中有一天可以見到白夜，那就是 6 月 22 日。從這一緯度往北，白夜越來越亮，

時間越來越長。在古比雪夫、喀山、普斯科夫和基洛夫以及葉尼塞克斯等地都有白夜現象，但是由於這些地區處於聖彼德堡往南的地方，所以白夜的時間（在 6 月 22 日前後）更短，也不及聖彼德堡的白夜那般明亮耀眼。但普多日的白夜卻比聖彼德堡的亮一些，而阿爾漢格爾斯克的白夜還更明亮得多，這個地方距離日不落的地方已經不遠。斯德哥爾摩的白夜和聖彼德堡的白夜並沒有什麼區別。

　　如果太陽運行的軌道並沒有在地平面以下，而是輕輕地沿著地平面滑動，那麼我們看到的就不僅是晨曦和晚霞的銜接，而是毫不間斷的白天了。能夠觀察到這種現象的地方從緯度 65°42′ 起：此處開始了半夜見到太陽的王國。再往北，從緯度 67°24′ 開始，可以觀測到沒有間斷的黑夜，這裡晨曦和晚霞的銜接不是經由午夜，而是經由中午開始的。這就是所謂的「黑晝」，和白夜相反，但二者的光亮程度是相同的。「白夜」地區也就是半夜可以見到太陽的地區，只不過這兩種現象出現在一年的不同時期。在有的地方，6 月的時候能夠看到不落的太陽[6]，12 月的時候就會有好多天朦朦朧朧的日子，這是由於太陽沒有出來而引起的。

☙ 1.10　光明與黑暗的交替

　　白夜現象作為一種直觀的證據告訴我們，小時候我們認為白晝和黑夜交替是十分準確

6　在阿姆巴契克塔，從 5 月 19 日到 6 月 26 日，太陽不落到地平線以下，而在底克西塔附近，是從 5 月 12 日到 8 月 1 日。

的這種想法有些過於簡單籠統了。事實上，在我們的星球上，光明和黑暗的交替非常的不一致，也跟我們習以為常的晝夜交替現象不完全吻合。可以根據光明與黑暗的交替關係，將我們所居住的地球劃分為五個地帶，每個地帶都有自身的晝夜交替規律。

第一個地帶是從赤道向南北延伸到緯度 49°。在這一地帶，也只有在這一地帶，每個晝夜都有真正的白天和黑夜。

第二個地帶位於緯度 49° 和 $65\frac{1}{2}$° 之間，囊括了蘇聯境內波爾塔瓦以北的所有地區。這一地帶在接近夏至的時期有連續不斷的微明，這就是白夜地帶。

第三個地帶比較窄，位於緯度 $65\frac{1}{2}$° 到 $67\frac{1}{2}$° 之間。太陽在此地帶於 6 月 22 日前後基本上都不會降落，這一地帶是半夜可以見到太陽的地區。

第四個地帶位於 $67\frac{1}{2}$° 到 $83\frac{1}{2}$° 之間。這一地帶有一個特點是：不僅 6 月的時候有連續不斷的白晝，在 12 月的時候還有連續很多天的黑夜，在這些日子裡太陽根本就不會升起，晨曦和霞光代替了白晝。這就是黑晝地帶。

光明與黑色交替最複雜的情況出現在第五個地帶，也就是 $83\frac{1}{2}$° 以北的地區。如果說聖彼德堡的白夜打破了正常的晝夜交替，那麼在這個地區，我們所習慣的晝夜交替方式就完全不存在了。 從夏至到冬至（6 月 22 日到 12 月 22 日）整個半年的時間，可以劃分為 5 個時期，也就是 5 個季節。第一個時期是連續不斷的白晝；第二個時期為白晝和微明的交替，但是並沒有完全的黑夜（與聖彼德堡夏季的黑夜有些相似）；第三個時期是連續不斷的微明，沒有真正完全的白天和夜晚；第四個時期，在微明中，每天的半夜前後有一段比較黑暗的

時間；最後，第五個時期就是徹底的黑暗。而在下一個半年內（從 12 月到次年 6 月），也會出現同樣的現象，只不過次序相反。

在赤道另一端的南半球，也跟北半球一樣，在相應的地理緯度上會看到類似的現象。

我們基本上沒有聽到過在遙遠的南半球的白夜現象，那僅僅是因為那裡是一片海洋。

在南半球跟聖彼德堡緯度相等的緯線上，沒有一塊陸地，到處都是海洋；也只有那些南極的航海家才有機會欣賞到白夜現象。

∞ 1.11 極地太陽的一個謎

【題】極地探險家們都會注意到，高緯度地區夏季的太陽有一個很有趣的特徵：它的光線微弱地照射著地面，但是所有垂直著的物體都會被曬得很厲害。

直立的懸崖和房屋的牆壁迅速變熱，冰山快速融化，木船上的樹膠融化了，人們的臉部皮膚被曬黑了，如此等等。

極地太陽光對直立物體所產生的這種作用，應當如何來進行解釋呢？

【解】我們在此處涉及一個意外的物理定律：陽光投射到物體表面的角度越垂直，其作用就會越明顯。在極地地區，就算是夏天，太陽的位置也不高，不會超過半個直角，而在高緯度地區，甚至比半個直角還要小很多。

不難想像，當太陽光和地平面之間所成的角度比半個直角小的時候，它們跟垂直的直線所成的角度就一定比半個直角要大。換句話說，陽光落到垂直表面的角度是相當陡的。

現在就可以明白了，跟極地的陽光曬到地面上不厲害的道理一樣，它們曬到一切垂直的物體上就會比較厲害。

ᘓ *1.12* 　四季始於何時？

　　3 月 21 日的時候，不論暴風雪是否還在肆虐，不論是否依舊寒冷，或者冰雪是否已經消融，北半球的這一天都被認爲是冬去春來的日子，這就是天文學上春天開始的時日。很多人都不明白，爲何偏偏選擇了 3 月 21 日（有些年分是 22 日）這個日子作爲冬天和春天的分界線，因爲在這個時候可能還是酷寒當道，或者相反，甚至已經是暖陽當空了。

　　原因在於，天文學上的春天的開始並不是根據變幻無常的天氣現象來判斷的。在北半球的所有地區，春天來臨的日子都是同一天，這不免使人產生出這樣的想法，那就是天氣特徵對此並沒有什麼實質的意義。要知道在整個北半球根本不可能處處都是一樣的天氣啊！

　　事實上，天文學家們在確定四季開始的日子的時候，所遵循的並非與氣象有關的現象，而是天文學的現象：正午太陽的高度以及由此而產生的白晝長短。天氣現象已經只是附帶情況了。

　　3 月 21 日與一年中其他日子所不同的是，在這一天地球上的晝夜分界線剛好通過地理學上的南北兩極。假設我們將一個地球儀拿在手裡，對著燈光，使地球儀被照亮的一面的界線剛好和經線重合，跟赤道以及所有緯線圈相交的角度爲直角，然後把地球儀在這個位置繞著它的軸轉動，那麼就可以看到，地球儀上的每個點在繞圈時所形成的軌道有一半在黑影中，有一半在光照下。這表明，此時晝夜等長。在每年的這個時候，整個地球上從北到南的所有地方都可以觀測到晝夜等長的現象。由於此時晝長爲 12 小時，也就是爲晝夜的一半，那麼太陽就應當在早上 6 點升起，18 點落下（當然此處指的是地方時）。

　　因此，在 3 月 21 日這天，地球表面的所有地方晝夜長短都一樣。天文學上將這一不尋

常的時刻稱為「春分」。之所以叫做春分，是因為此時並不是一年中唯一一天出現晝夜等長的日子；半年之後，在 9 月 23 日的時候，又會出現晝夜等長，即「秋分」，它是夏天結束和秋天開始的標誌。當北半球是春分的時候，在地球另一端的南半球就是秋分，反之亦然。當赤道的一側是冬去春來的時候，另一側則是夏秋交替。南北半球的季節是不會重合的。

現在我們來討論一下一年中晝夜長短的問題。從 9 月 23 日秋分開始，北半球的白晝比黑夜越來越短暫。這種情況會持續半年。在此期間，先是白晝一天比一天短，一直到 12 月 22 日，然後再一天天地變長，直到 3 月 21 日晝夜等長。從這一天開始，在接下來的半年內，北半球的白晝都比黑夜要長。白晝一天天變長，直到 6 月 21 日，之後才逐漸縮短起來。不過，還要持續三個月，在此期間始終是晝長夜短，直到 9 月 23 日秋分晝夜等長。

我們此處談到的四個日期，就是天文學上四季的開始與終結，北半球所有的地方情況都一樣：

3 月 21 日：晝夜等長，春季的開始；

6 月 22 日：晝最長，夏天的開始；

9 月 23 日：晝夜等長，秋天的開始；

12 月 22 日：夜最長，冬天的開始。

在赤道另一側的南半球，我們的春天正是他們的秋天；我們夏天的時候，那邊則是冬天。

我們在此給讀者留幾個問題，可以幫助大家更好地記住和解釋上面所講述的情況。

【題】①在地球上哪一個地方，一年內都晝夜等長？

② 今年 3 月 21 日，塔什干的太陽幾點鐘升起來（地方時）？同一天，東京的太陽何時升起？阿根廷的布宜諾賽勒斯呢？

③ 今年 9 月 23 日，新西伯利亞的太陽何時落下？在紐約和好望角呢？

④ 8 月 2 日和 2 月 27 日，赤道地區的太陽何時升起？

⑤ 有沒有這樣的情況：7 月嚴冬，1 月酷暑？

【解】①赤道上全年晝夜等長，因為不論地球處於什麼位置，地面上受太陽照亮的一面總是把赤道分成相等的兩部分。

②和③在春秋分的時候，地球上所有的地方的太陽都是本地時間 6 點升起，18 點落下。

④赤道上的太陽一年四季都是在本地時間 6 點升起。

⑤在南半球的中緯度地區，7 月嚴寒和 1 月酷暑是很常見的現象。

✑ 1.13　三個「假如」

不少時候，解釋一樁司空見慣的事情要比解釋不尋常的事情困難不少。我們小時候已經掌握了十進位計數法，但只有當我們需要嘗試別的進位計數法，比如說七進位或者十二進位的時候，我們才會發現它的優點。只有開始學習非歐幾里得幾何學的時候，我們才能夠真正理解歐幾里得幾何學的要點。為了更好地理解重力在我們生活中所起的作用，就需要想像一下，當這個力比實際情況大很多或者小很多的時候的情況。現在就讓我們利用「假如」的方法來更好地解釋地球繞太陽轉動的情形吧。

先來談談我們在學校裡就已經熟悉的一件事情。我們知道，地軸跟地球運行軌道的平面相交呈 $66\frac{1}{2}°$ 的角（大約是直角的 $\frac{3}{4}$）。只有當將這個角設想成不是直角的 $\frac{3}{4}$，而是像

直角的時候，我們才能更好地理解這一事實。換句話說，把地軸想像成跟地球運行軌道的平面垂直，就像凡爾納的幻想小說《底朝天》中炮兵俱樂部的會員所幻想的一樣，如此一來，自然界中各種尋常事情會發生什麼變化呢？

假如地軸和地球運行軌道的平面垂直

假設，凡爾納小說中炮兵軍官們「將地軸豎起來」的企圖已經實現了，現在地軸跟地球繞太陽運行軌道的平面之間呈直角，那麼，自然界中會發生什麼樣的變化呢？

首先，現在的北極星 —— 小熊座 α 星就不再是北極星了。地軸的延長線不再通過這顆星的近旁。星空天穹將會繞天空的另一個點轉動。

再來，四季交替也會完全變樣，也就是說，再也不會有四季交替了。

是什麼決定了四季的交替呢？為何夏天比冬天暖和？這雖然是一個極其普遍的問題，但是還是試著回答。學校裡講的遠遠不夠，除此之外大部分人就再也無暇研究這一問題了。

北半球的夏天之所以炎熱，首先是因為地軸是傾斜的，它的北端現在朝向太陽，因此白天長而夜晚短暫。太陽長時間照射地面，夜裡地面還來不及將所吸收的熱量完全散發出去，吸收的熱量逐漸增多，但是散熱少。其次，還是因為地軸向太陽傾斜，所以白天的時候太陽在天空的角度就要高一些，太陽光和地面之間的角度就大一些。這就是說，夏天的太陽不僅長時間地照射地面，而且照射的程度也很厲害。冬天的情況則相反，太陽照射時間短而微弱，地面夜晚散熱時間長。

在南半球，同樣的情形發生在 6 個月之後（也可以說是 6 個月之前）。春秋的時候，南北兩極和太陽光之間的角度是一樣的，太陽光照射地面的部分基本上和經線重合，晝夜

基本等長。這段時間就是冬夏之間的季節。

　　如果地軸跟地球圍繞太陽旋轉的軌道平面垂直的話，還會發生這樣的變化嗎？不會，因為那時候地球相對於太陽光的位置不會發生變化，一年四季在地球上各個地方都會是同樣的季節，就像現在只會發生在 3 月和 9 月二十幾號的情況一樣，那時候隨時隨地都會是晝夜等長（木星上的情況就是大致如此，它的軸幾乎跟它繞太陽運轉的軌道平面垂直）。

　　如果地軸跟地球繞太陽的軌道平面垂直，那這樣的變化會發生在現在的溫帶地區，熱帶地區的氣候變化則不會很明顯；相反的，在極地地區這種變化卻會十分顯著。由於大氣折射作用，在這些地區天空中的星體位置會被稍微抬高一些（圖 15）。太陽一年四季都不會降落，而是成年在地平線上起伏，於是就會有永恆的白晝，確切地說，是永恆的早晨。雖然太陽的位置低，但是太陽光所帶來的熱量不會很大。然而由於太陽成年累月地照射著，酷寒的極地氣候會變得溫和一些。這就是地軸傾斜角度改變所帶來的唯一好處，這點好處卻彌補不了地球上其他地區的損失。

假如地軸跟地球運行軌道平面呈 45° 角

　　現在我們換一種想法：假設把地軸的傾斜角改成半個直角。每年春分和秋分的時候，地球上的晝夜交替情況和我們所假設的境況相同。但是在 6 月的時候，太陽會是在 45° 緯線（而不是 $23\frac{1}{2}°$）的天頂：在這個緯度上會像是熱帶地區的天氣。在聖彼得堡所在的緯度（60°）地區，太陽離天頂的高度只差 15°！這個高度正是熱帶地區的太陽高度。熱帶會直接與寒帶接壤，而溫帶地區將會完全不存在了。在莫斯科和哈爾科夫地區，整個 6 月都會是連續不斷的白晝，太陽永遠不會落下。相反，冬天的時候，在莫斯科、基輔、哈爾科夫

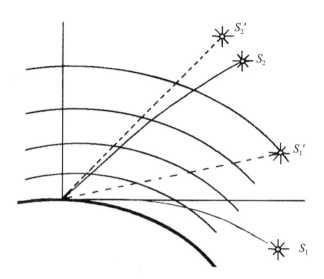

圖 15 大氣的折射。從太陽 S_2 射來的光線，透過地球上的
大氣層，在每層大氣中都要受到折射使位置發生偏
移。因此，觀察的人會覺得光線是從 S_2' 點射出來
的。而 S_1 處的太陽雖然已經落下了，但是由於大氣
折射作用，觀察者還能看見它

和波爾塔瓦地區，會是連綿不斷的極夜。而這個時候的熱帶地區會變成溫帶，因為中午的
太陽高度不會超過 45°。

這樣一改變，熱帶和溫帶地區就會遭受很多的損失。而極地地區卻好像是從中受益了：
在這些地方，嚴冬（比現在嚴寒）過後就會有如溫帶一般暖和的夏季。即便是在極點上，
正午的太陽高度也會有 45°，而且會有半年之久。北極圈上永凍的冰塊會在友好的太陽光下
大大地減少。

假如地軸就在地球運行軌道平面上

第三個「假如」，是把地軸平放在地球運行的軌道平面上（圖 16），地球將「躺著」圍繞太陽旋轉。它繞著地軸旋轉，就像我們行星家族中很遙遠的一員——天王星的旋轉一樣。這樣的話，將會發生什麼樣的事情呢？

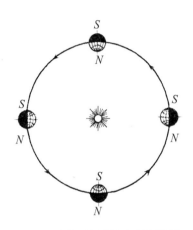

那時極地附近地區會有半年的白晝。在此期間，太陽會盤旋狀地從地平面升到天頂，然後再沿著上升的路線降落到地平線下，隨之會有半年的黑夜。在晝夜交替的時候，會有很多天連續不斷的微明天氣。太陽在落到地平面以下之前，會有好幾天在地平面附近起伏徘徊，繞著整個天空旋轉。在夏季，冬天所累積的所有冰雪都會消融。

圖 16　假如地軸放在地球運行的軌道平面上，地球會怎樣圍繞太陽旋轉？

在中緯度地區，從春天開始，白晝很快一天天變長，然後會有一段時間是連續不斷的白晝。該地區距離極地的緯度差是多少，白晝就會在多少天之後到來；這一白晝所持續的時間長短，等於當地緯度的二倍。

例如，聖彼德堡地區的白晝時間會在 3 月 21 日之後 30 天到來，並持續 120 天。9 月 23 日之前 30 天內，會出現極夜。冬天的時候情況會相反：將會出現同樣天數的連續不斷的黑夜。只有在赤道地區才會有晝夜等長現象。

和上述內容大致相似，我們已經談到過天王星，它的軸和它繞太陽運行的軌道平面之間所呈的角只有 8°。可以說，天王星就是「臥著」繞太陽旋轉的。

在講述了這三個「假如」之後，讀者朋友應該對氣候條件和地軸傾斜度之間的關係有了更清晰的認識。所以說，「氣候」這個詞在希臘語中有「傾斜」的意思，並非純屬偶然。

∽ *1.14* 再一個「假如」

我們現在來討論地球運行的另一方面：它的軌道形狀。地球和其他的行星一樣，遵循克卜勒的第一定律，即每個行星都以太陽為中心，按橢圓形軌道運行。

地球運行的軌道是一個什麼樣的橢圓呢？它和圓形的區別又是什麼呢？

在初級天文學教科書籍中，地球軌道往往被畫成兩端拉得很長的橢圓。這樣的視覺形象，並非對它的正確認識，但卻成為許多人一生的理解。他們認為，地球軌道是一個兩端拉得很長的橢圓。事實卻並非這樣：地球軌道和圓形的區別很小，甚至在紙上將其畫出來的形狀都是圓形的。如果我們畫一個直徑為一公尺的地球軌道，那麼這個圖形跟圓形的差別，不會比圖形的線條還粗。即使是藝術家那雙敏銳的眼睛，都不一定能將這樣的橢圓和圓形區別開來。我們先來熟悉一下幾何學上的橢圓。

在圖 17 的橢圓中，$\overline{AB}$ 是它的「長徑」，$\overline{CD}$ 為「短徑」。

在任何一個橢圓中，除了「中心」O 點之外，還有兩個重要的點：「焦點」，它們位於長徑上，對於中心點兩邊相互對稱。焦點可以用以下方法求出（圖 18）：以長徑的一半 $\overline{OB}$ 做半徑，短徑的一個端點 C 為圓心，畫一條弧線，跟長徑 $\overline{AB}$ 相交於 F 和 F_1。這兩點就是橢圓的焦點。$\overline{OF}$ 和 $\overline{OF_1}$ 長短相等，通常都用字母 c 表示，而長徑和短徑用 $2a$ 和 $2b$ 表示；

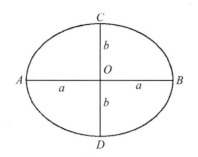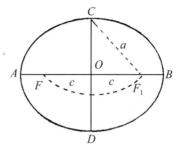

圖 17　橢圓及其長徑 *AB* 和短　　圖 18　怎樣求橢圓的焦點（*F*
　　　　徑 *CD*，中心為 *O* 點　　　　　　　和 F_1）以及半長徑 *a*

c 除以 a，即 $\dfrac{c}{a}$，結果表示的是橢圓伸長的程度，叫做「偏心率」。橢圓和正圓的區別越大，其偏心率就越大。

　　只要知道了地球運行軌道的偏心率大小，我們就會對它的形狀有一個準確的認識。這個數值不需要知道軌道的大小就可以求出。事實上，太陽位於地球運行軌道的一個焦點上。由於軌道的各點跟這個焦點的距離不同，我們就會覺得從地球上看到的太陽的大小並不一定。我們看到的太陽有時候大，有時候小，這個大小當然跟觀測點距離太陽的遠近有關。假定太陽位於圖 18 中的焦點 F_1，7 月 1 日左右，地球在軌道的 *A* 點，那時候我們見到的太陽圓面最小，用角度表示為 31′28″；1 月 1 日，地球在 *B* 點，那時候我們見到的太陽圓面最大，用角度表示為 32′32″。這樣，可以求出一個比例：

$$\frac{32'32''}{31'28''}=\frac{BF_1}{AF_1}=\frac{a-c}{a+c}$$

從這個比例我們可以得出：

$$\frac{32'32'' - 31'28''}{32'32'' + 31'28''} = \frac{a + c - (a - c)}{a + c + (a - c)}$$

或者

$$\frac{64''}{64'} = \frac{c}{a}$$

因此 $\frac{c}{a} = \frac{1}{60} = 0.017$。

這就是說，地球運行軌道的偏心率是 0.017。由此可見，只要仔細測出太陽的可視圓面，就能求出地球軌道的形狀。

現在我們就來證明，地球運行軌道和圓形的區別確實很小。假設我們把地球軌道畫成一張大圖，其半徑等於 1 公尺。那麼這個橢圓的短徑是多少呢？從圖 18 中的直角三角形 OCF_1 中可以得出：

$$c^2 = a^2 - b^2$$

或者

$$\frac{c^2}{a^2} = \frac{a^2 - b^2}{a^2}$$

而 $\frac{c}{a}$ 為地球運行軌道偏心率，這個值等於 $\frac{1}{60}$。將 $a^2 - b^2$ 轉化為 $(a + b)(a - b)$，由於 a 和 b 之間的差別很小，所以 $(a + b)$ 可以用 $2a$ 表示。

這樣我們可以得到：$\frac{1}{60^2} = \frac{2a(a - b)}{a^2} = \frac{2(a - b)}{a}$

因此：$a - b = \frac{a}{2 \times 60^2} = \frac{1000}{7200}$

這個結果小於 $\frac{1}{7}$ 毫米。

由此可知，即使在這麼一個相當大的圖上，地球軌道的半長徑和半短徑之間的差別都

不會超過 $\frac{1}{7}$ 毫米。就算是最細的鉛筆，其粗細也要比這個數值大。因此，如果我們將地球軌道畫成一個圓形，事實上並沒有犯錯誤。

那麼，在這張圖上，太陽應該處於什麼位置呢？為了表明它是處於這個軌道的焦點上，應該把它放在離開中心多遠的地方呢？換句話說，在我們的圖上，OF 或者 OF_1 等於多少呢？這項計算也並不複雜：

$$\frac{c}{a} = \frac{1}{60}，c = \frac{a}{60} = \frac{100}{60} = 1.7 \text{ 公分}$$

這就是說，太陽應該位於距離我們所畫的地球軌道中心 1.7 公分的位置。如果我們用直徑為 1 公分的圓來表示太陽，那只有藝術家敏銳的眼睛才可以注意到，此時的太陽並非處在軌道中心位置上。

根據上述情況可知，事實上在畫地球軌道的時候，可以把它畫成圓形，把太陽放在緊靠中心的位置。

太陽所處位置的這點不對稱性，會不會對地球上的氣候條件產生影響呢？為了闡述這個問題，我們還是採用「假如」的方法。假設地球軌道偏心率增大到一個比較大的值 0.5，這就是說橢圓的焦點恰好把它的半長徑平分；這樣的橢圓將延伸得像個雞蛋。太陽系裡主要的行星中，沒有任何一個的偏心率有如此大。最扁長的水星，其軌道偏心率也沒有超過 0.25（但是小行星和彗星是沿著更扁長的橢圓形軌道運行的）。

假如地球的軌道更扁長一些

我們假設地球軌道顯著拉伸，焦點位於半長徑的中點，如圖 19 所示。地球 1 月 1 日的時候依舊位於離太陽最近的 A 點，7 月 1 日的時候位於離太陽最遠的 B 點。由於 FB 是 FA

的三倍，所以 7 月的太陽跟我們的距離是 1 月太陽的 3 倍。因此 1 月太陽的視直徑就應當是 7 月的 3 倍，而 1 月裡太陽發出的熱量就是 7 月的 9 倍（跟距離的平方成反比）。在這種情況下，我們北半球的冬季會是什麼樣的呢？那時只不過是太陽在天空中的位置很低，晝短夜長，但是不會有寒冷的氣候，因為太陽的距離足夠近，可以抵消照射方面的不利條件。

這裡還需要說明關於克卜勒第二定律的一個情況，即在相同的時間內，向量半徑經過的面積也相等。

軌道「向量半徑」是一條直線，它連接太陽與行星，我們此處涉及的行星是地球。由於地球沿著軌道運行，因此向量半徑也跟著運動，同時會覆蓋一定的面積。克卜勒定律認為，向量半徑所覆蓋的橢圓裡的各個部分的面積彼此相等。當地球位於離太陽較近的軌道上時，運動速度比位於離太陽較遠的軌道上的速度快；否則，短的向量半徑（地球離太陽近時）所覆蓋的面積跟長的半徑（地球離太陽遠時）覆蓋的面積就不會相等了（圖 20）。

把這個推理應用到我們所假設的軌道上來，可以得出這樣的結論：在 12 月到 2 月期間，當地球距離太陽較近的時候，其速度要比 6 月到 8 月快一些。換句話說，北方的冬天應當很快就過去，而夏天正好相反，要過得慢些，因此地球得到

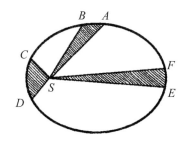

圖 19 如果地球軌道的偏心率為 0.5，地球軌道會是什麼樣的形狀？

圖 20 克卜勒第二定律：如果弧線 *AB*、*CD*、*EF* 是行星在相同時間內通過的距離，那麼圖上的幾塊陰影圖形面積應該相等

的太陽熱量就會更多一些。

如圖 21 所示，就是根據我們所假定的情況而做出的更精確的季節長短圖解。圖中的橢圓是我們所假定的情況下的地球軌道形狀（偏心率爲 0.5）。數字 1 到 12 將軌道分成 12 段，每一段代表地球在相等時間內運行的路程。這 12 點跟太陽的連線就是向量半徑，根據克卜勒定律，它們所分割的各部分面積應當相等。

1 月 1 日地球在點 1，2 月 1 日在點 2，3 月 1 日在點 3，以此類推。從圖中可以看出，在這樣的軌道上春分（A 點）應在 2 月上旬，而秋分（B 點）在 11 月末。也就是說，北半球的冬季不會超過兩個月，從 12 月底到 2 月初。而畫長且正午太陽高的時間（從春分到秋分），囊括了 9 個半月之多。

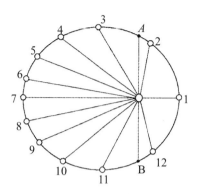

圖 21　如果地球軌道是較扁的橢圓形，那麼地球應該怎樣繞太陽運動？相鄰的兩個數字之間的距離，是地球在相等的時間（一個月內）所走過的距離

地球南半球的情況恰好相反。畫短且太陽較低的季節，恰好和地球離太陽較遠的時候重合，此時太陽光照的熱量只有太陽較近的時候的 $\frac{1}{9}$；而畫長且太陽較高的季節，太陽照射的力度是太陽較低時的 9 倍。冬天的時候，南半球比北半球乾燥很多，延續週期更長。相反，夏季雖然較短，但是卻酷熱難耐。

還需要指出我們這個「假如」的一個後果：1 月分地球運行比較快，眞正中午和平均中午之間的相差會很大，可以達到好幾個小時。如果按照我們現在依據太陽平均時間作息的話，將會非常不方便。

我們已經明白，太陽在地球軌道的偏心位置對我們會產生怎樣的影響。首先北半球的

冬季比南半球短而暖和，夏季比南半球長。那現實中是否可以觀察到這樣的現象呢？當然是可以的。地球在 1 月比 7 月離太陽近，大約近 $2 \times \frac{1}{60}$，也就是 $\frac{1}{30}$；因此在 1 月裡，地球從太陽得到的熱量就是 7 月裡的 $\left(\frac{61}{59}\right)^2$ 倍，就是比 7 月多 7%。這多少能彌補緩和一下北半球的嚴冬。從另一方面來講，北半球的秋冬二季要比南半球短 8 天，而春夏兩季要比南半球長 8 天，這或許可以解釋為什麼南極的冰雪更多。下表表示的是南北半球四季的長短：

北半球	四季長短	南半球
春季	92 日 19 時	秋季
夏季	93 日 15 時	冬季
秋季	89 日 19 時	春季
冬季	89 日 0 時	夏季

由此可見，北半球的夏季比冬季長 4.6 日，而春季比秋季長 3.0 日。

然而，北半球的這一優勢並不會永遠持續下去。因為地球軌道長徑緩慢地在空間中運行——它會把地球上距離太陽最遠和最近的點移向別的位置。這種運動循環一周需要 21000 年。根據計算，到西元 10700 年，上文所述的北半球的優勢就會轉移到南半球去。

地球的偏心率也不會永遠保持不變，它也會緩慢地發生變化：從 0.003 起（那時地球的軌道幾乎是圓形）到 0.077（此時地球軌道最扁長，跟火星軌道相似）。現在地球的偏心率在逐漸減少，24000 年後將減少到 0.003，然後就開始變大，一直持續 40000 年。這樣緩慢的變動，對我們來講，只有在理論上才是有意義的。

○3 *1.15*　我們什麼時候離太陽更近些：中午還是傍晚？

假如太陽沿著真正的圓形軌道運行，太陽就在這個圓形軌道的中心，那麼回答上述問題就應當很簡單：我們在中午的時候離太陽較近些，因為那個時候由於地球的自轉運動，地球表面上的點正好朝向太陽。位於赤道上的各點，這時跟太陽的距離比黃昏的時候近 6400 公里（地球半徑的長度）。

但是地球的軌道是橢圓形的，太陽位於它的焦點上（圖 22）。因此，地球有時候離太陽較近，有時候較遠。上半年（1 月 1 日到 7 月 1 日）地球逐漸遠離太陽；下半年，它又慢慢向太陽靠攏。最大距離與最小距離之間的差別達到 $2 \times \dfrac{1}{60} \times 150000000$ 公里，也就是 5000000 公里。

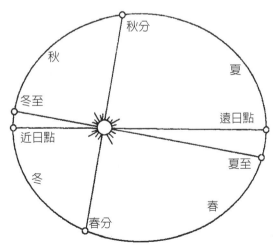

圖 22　地球繞太陽公轉的軌道略圖

這個距離變化，平均每晝夜大約 30000 公里，因此，從中午到日落（一晝夜的 $\frac{1}{4}$）地球表面各點離太陽的距離，平均變化大約是 7500 公里，這比地球繞地軸自轉所形成的距離變化大一些。

因此，對上面提出的問題，應該這樣回答：從 1 月到 7 月的時間內，我們中午比傍晚離太陽近一些，而西歐從 7 月到 1 月的情況則剛好相反。

⌘ *1.16* 再遠一公尺

【題】地球在相距 150000000 公里的地方繞太陽運行。假設這個距離增加 1 公尺，那麼地球繞太陽運行的路程會增加多少？一年的時間長短又會再增加多少（假設地球圍繞太陽運行的速度不變）（圖 23）？

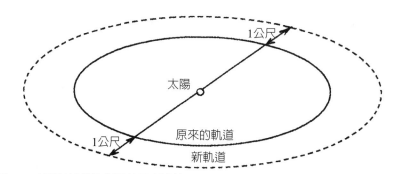

圖 23　如果地球跟太陽的距離增加 1 公尺，地球軌道的長度會增加多少？

【解】1 公尺這個數值本身並不大。但是如果我們想到地球的軌道是很長的，那麼就可能會認為，增加的這 1 公尺會給地球軌道長度增加極其顯著的數值，因而一年的時間也會增加不少。

然而，經過計算我們發現，由此產生的結果幾乎很小，甚至會懷疑我們是不是算錯了。事實上也沒有什麼值得奇怪的，因為這個結果本身就應該這麼小。兩個同心圓的圓周長度差，並不跟這兩個圓的半徑大小相關，而是取決於它們的半徑差。如果我們在屋裡地板上畫兩個圓，假設它們之間的半徑相差 1 公尺，那麼它們的圓周長度的差和宇宙中那兩個巨大的圓周長度差也是一樣的。我們可以用計算來證明這一點。如果地球軌道（假定是圓形）的半徑等於 R 公尺，那麼它的周長就是 $2\pi R$ 公尺。現在把半徑增加 1 公尺，新軌道的長度就應該是 $2\pi(R + 1) = (2\pi R + 2\pi)$ 公尺，因此，增加的長度是 2π 公尺，也就是 6.28 公尺，這和它的半徑大小無關。

所以，如果地球相距太陽的距離增加 1 公尺，那麼地球繞太陽的軌道也增加 6.28 公尺。由於地球繞太陽運行的速度是每秒鐘 3000 公里，這個長度對地球的運行是不會產生什麼影響的。因此，一年中只增加了 $\dfrac{1}{5000}$ 秒的時間，這個數值顯然不會被人們所察覺。

❸ 1.17　從不同的角度來看

一件東西從手裡掉落下去，你看到這件東西沿垂直路線落到地面。如果有人告訴你，在另外一個人眼裡，這件東西下落的路線並非直線，你或許會感到奇怪。然而，如果一個觀察者並沒有和我們一樣跟著地球轉動，那麼他看到的的確不是直線。

　　現在我們想像一下有這樣一位觀察者看到一個落下的物體。圖24中表示的是一個重球從500公尺的高空自由落下。這個重球在落下的過程中，當然同時也參與了地球的運動。

圖24　對位於地球上的觀察者來說，自由落下的物體是沿直線運動的

我們之所以感覺不到這個落下的物體的這些極快的附加運動，那只是因為我們本身也參與了這些運動。如果我們能都不受地球運動的影響，那我們就會發現，落下的物體不是垂直運動，而是沿著完全不同的路線落下了。

假設我們不是從地面，而是從月球表面來觀察物體。月球跟地球一起沿著太陽運行，但是它並不跟著地球繞地軸旋轉。因此，如果從月球上觀察落下的物體，我們就會看到物體在進行兩種運動：一種是垂直向下；另外一種是向東沿著跟地面相切的方向運動，後者這種運動是我們以前不曾發現的。當然，這兩種同時進行的運動可以用力學定律合起來；因為落下運動是不等速的，而另外一項運動是等速的，所以合起來的運動軌跡一定是曲線。圖 25 中的曲線，就是從月球上看到的地球上的物體所經過的路線。

我們進一步來探討這個問題：假設我們帶著極其強大的望遠鏡，從太陽上觀察我們的重球在地球上做自由落體運動。由於我們處在太陽上，所以我們不參與地球繞地軸自轉，同時也不參與地球繞太陽公轉。這樣的話，從太陽上我們就會看到物體落下過程中同時進行著三項運動：

(1)朝地球表面垂直運動；

(2)朝東跟地面相切的方向運動（圖 26）；

(3)繞太陽的運動。

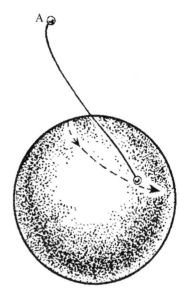

圖 25　在月球上的觀察者看來，這條路線是曲線狀的

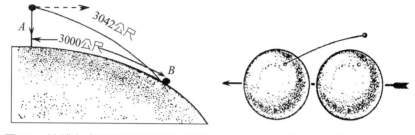

圖 26　地球上自由落下的物體，還要　　　圖 27　從太陽上觀察圖 24 中所示的
　　　 沿著跟地面相切的方向運動　　　　　　 地球上垂直落下的物體（沒
　　　　　　　　　　　　　　　　　　　　　　　 有依照比例尺）

　　第一項運動垂直落下 0.5 公里；第二項（物體落下的時間是 10 秒），按照莫斯科的緯度計算，等於 0.3×10 = 3 公里；第三項運動最快（每秒鐘 30 公里），因而在物體落下的 10 秒鐘內，它圍繞地球軌道移動了 300 公里。這項運動和前兩項（向下 500 公尺，向一側 3 公里）比較起來是很明顯的。但由於我們是位於太陽上，所以我們只會注意到最顯著的運動。那麼這種情況下，我們會看到什麼呢？我們看到的情況大致如圖 27 所示（這裡沒有依照比例尺）。地球向左運動，而落下的物體從地球上右面的一點移動到左面的一點（只是稍微向下運動了些）。我們還說了圖上沒有比例尺：因為地心在 10 秒鐘內只移動了 300 公里，而不是 10000 公里。

　　我們再進一步來探討這個問題：假設我們在另一個星球，也就是別的太陽上，此時我們擺脫了我們那個太陽的運動。我們會發現，除了前面說到的三種運動，落下的物體還有第四種運動：相對於我們所處的星球的運動。這第四項運動的方向和大小，要根據具體的星球而定，也就是要看整個太陽系跟這個星球的相對運動情況如何。圖 28 中是一種假定的

情況：從我們所選定的星球來看，太陽系的運動跟地球軌道相交成一個銳角，運動速度是每秒鐘 100 公里（事實上，這樣的速度是存在的）。因此這項運動在 10 秒鐘內就會把落下的物體沿著它的運動方向帶走 1000 公里，這樣物體的運動路線就會更加複雜。如果我們再換一個星球，那麼物體的運動路線又會是另一種情況了。

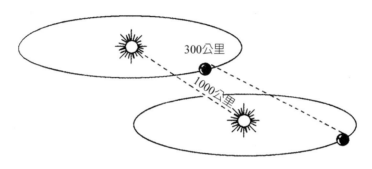

圖 28　從遙遠的星球上觀察地球上物體落下的路線

我們還可以提出這樣的問題：如果觀察者位於銀河系之外，那麼地球上落下的物體的路線又會是怎樣的呢？要知道這時候觀察者並不參與我們銀河系跟別的宇宙之間的相對運動。但事實上我們沒必要想得那麼遠，因為現在讀者已經很清楚了，角度不同，同一物體落下的路線也會是完全不同的。

◌ *1.18*　非地球時間

你工作了一個小時，休息了一個小時。這兩個時間是不是相等的呢？大多數人會回答

說，如果使用最好的鐘錶來測定時間的話，那當然是相等的了。那麼，什麼樣的鐘錶我們才認為是準確的呢？當然是根據天文觀測來校準的鐘錶是最準確的。換句話說，跟地球等速旋轉運動完全相符合的表是最準的：它在絕對相等的時間內，旋轉的角度都是相等的。

但是，怎麼知道地球是等速旋轉的呢？為什麼我們相信地球連續兩次自轉的時間是相等的呢？如果我們採用地球的自轉來測量時間的話，那是無法回答這個問題的。

近年來，一些天文學家認為，最好能用別的測量時間的標準來代替那種自古以來就認為地球是等速自轉的方法。我們就來闡述一下這種改變的理由和結果。

經過仔細研究天體的運動，我們發現，某些天體並不像理論上所指出的那樣運動，可是這種差別又不能用天體力學的規律來解釋。像這種無法解釋的差別，已經發現的就有月球、木星的第一和第二衛星以及水星，甚至還有太陽的視周年運動，也就是我們的地球沿著軌道公轉的運動。例如：月亮跟它理論上的路線的角度偏差在某些時候就達到 $\frac{1}{4}$ 分。對這些不正常的情況進行分析，我們發現了它們之間的共同點，即所有的運動在某時候會加快，接下來又在某一時期慢了下來。這裡我們自然就會產生這樣的想法：這些偏差是不是同一個原因引起的呢？

這個共同的原因是不是就在於我們那只自然鐘的「不準確性」？是不是就在於地球的自轉實際上並非是等速的呢？

曾經有人提出過改變地球鐘的問題。「地球鐘」曾被暫時放棄，而改用其他的自然鐘來測量所需要研究的運動。其他的自然鐘則指的是根據木星的某一個衛星或者根據月球或水星的運動。事實證明，這樣的變換，對上述各種天體運行的準確性方面可以立刻得到令人滿意的結果。然而，使用新的鐘錶所測定出來的地球的自轉卻不再是等速的了：它在幾

十年內稍微變慢了些，在接下來的幾十年內又會變快，然後再慢下來。

　　1897 年的一晝夜比之前的年分長 0.0035 秒，而在 1918 年，一晝夜的時間比 1897 年至 1918 年期間短 0.0035 秒。我們現在的一晝夜比 100 年前要長約 0.002 秒。

　　因此我們可以說，即便我們這個太陽系中的某些天體的運動是等速的，但地球相對於它們的運動來說也不是均勻的。和嚴格意義上的等速運動比較而言，地球運動的偏差是很小的：從 1680 年至 1780 年，地球自轉得慢，晝夜變長了，地球在「自己的」和「外來的」事件之間的差額累積達到 30 秒鐘；接下來到 19 世紀中葉，日子變短，這個差額縮小了 10 秒；到 20 世紀初，這個差額又減少了 20 秒；20 世紀前 25 年，地球運動再次變慢，晝夜再次變長，因而這個差額又累積到大約 30 秒（圖 29）。

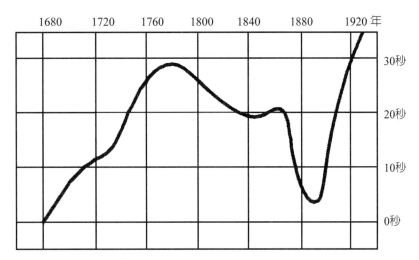

圖 29　圖中的曲線說明，從 1680 ～ 1920 年期間，地球自轉運動相對於等速運動的變化情況。如果地球等速轉動，那麼圖中就應當是一條水平線。曲線上升表示一晝夜時間變長，也就是地球自轉變慢；曲線下降表示地球自轉加快

這種變化可能有幾種原因：月球的引潮力、地球直徑的改變等[7]。這個現象如能在將來得到全面的解釋，將會是一個重要發現。

☙ *1.19* 年月從何時開始？

莫斯科的時鐘敲了 12 下——元旦來臨了。但是莫斯科以西的地方還是除夕，而莫斯科以東的地方已經是元旦了。由於地球是球形，因而東和西就不免會相遇，也就是說，應當有這樣一個地方，它是新年與除夕的分界線，是新年與舊歲的分割處。

這個分界是存在的，叫做「換日線」。它通過白令海峽，彎彎曲曲地在 180° 經線附近穿越太平洋，它的精確方向是由國際協定來規定的。

這是一條想像出來的線，它穿越太平洋。在這條線上開始地球上月日的交替。那裡好像安裝著我們的日曆的大門，一切新的日子都從這裡開始，新年也從這裡開始，再沒有別的地方比這兒更早進入到一個新的日子。日子從這兒誕生，然後奔西去，環繞地球一周，重新回到誕生的地方，最後消失。

蘇聯比世界上任何一個國家都要早些進入新的一天——任何一個新的日子從白令海峽水中誕生之後，馬上就在蘇聯的傑日尼奧夫角進入居民生活，然後開始它的環球航行。也就是在這個地方，在蘇聯亞洲部分最東的地方，日子完成它 24 小時的任務之後消失。

7　如果採用直接測量的方法，至多能精確到 100 公尺，這樣就測不出其他地球直徑的改變了，但只要地球的直徑增減幾公尺，就足以引起這裡所說的地球自轉速度的變化。

　　就是這樣，日子的交替在換日線上進行。最初那些周遊世界的冒險家，並沒有確定這條線，所以把日子搞混了。跟麥哲倫一同周遊世界的安東尼・皮卡費達，曾這樣描述過他的環球航行：

　　「7 月 19 日，星期三，我們看到綠角島，就拋下了錨……爲了搞清楚我們的航行日誌是否正確，我們派人到岸上打聽今天是星期幾。岸上的人回答說是星期四。這讓我們很吃驚，因爲根據我們的日誌，今天才星期三。我們覺得無論如何也不會錯一天。

　　後來我們了解到，我們的計算沒有什麼錯誤。但是我們一直追隨著太陽的運動向西航行，當回到原地的時候，應當比留在原地的人少過了 24 小時。只有想到這一點，才會明白岸上的人和我們都沒有錯。」

　　那麼現在的航海家駛過換日線的時候是怎麼做的呢？爲了不把日子搞錯，他們如果是由東向西航行，經過這條線的時候就把日子往前算一天；如果由西向東穿過這條線，就需要把日子重複算一天，也就是說 1 號之後還是 1 號。由此可見，儒勒・凡爾納在小說《八十天環遊世界記》中所講述的故事實際上是不可能的。書中講述說，冒險家周遊了世界回到自己的故鄉，時間是星期日，而那裡還是星期六。這種情況只有在麥哲倫時代才會有，因爲那時候還沒有關於換日線的協定。愛倫・坡所講的笑話「一個星期有三個星期日」的情況，在我們這個時代也是不可能的。這個笑話是這樣的：一個水手從東往西周遊世界歸來，在故鄉碰見自己的好朋友，他也剛剛完成從西往東的環球航行。他們其中一個說昨天是星期天，另一個卻說明天才是星期天，而他們留在故鄉的朋友說，今天是星期天。

如果想要在周遊世界的時候不搞錯時期，那麼，往東走就應當在計算日子的時候稍微慢一些，讓太陽趕上我們，也就是把同一天計算兩次。相反，如果向西走，就需要跳過一天，才不至於落後於太陽。

所有這些東西看起來並不十分玄妙，但是在距離麥哲倫已經 400 多年後的今天，也不是所有人都明白了的。

∽*1.20* 2月有幾個星期五？

【題】2 月裡最多可能有幾個星期五？最少有幾個？

【解】一般情況下，人們會這樣回答：2 月裡最多有 5 個星期五，最少有 4 個。毫無疑問，如果閏年的 2 月 1 日是星期五，那麼 29 日也是星期五，這樣一共是 5 個。

但是，2 月裡星期五的數目可能會是這個數的兩倍之多。假設有一艘船航行於西伯利亞東海岸和阿拉斯加之間，並且經常在星期五的時候從亞洲海岸出發。如果這一年是閏年，2 月 1 日是星期五，那麼這艘船的船長在這個月裡會碰到多少個星期五呢？由於他是由西往東在星期五的時候越過換日線，那一週內就會碰上兩個星期五，因而整個 2 月裡頭就會有 10 個星期五了。相反，如果船長每逢星期四從阿拉斯加出發，前往西伯利亞海岸，那麼在計算的時候恰好就跳過星期五，這樣的話，這位船長在整個 2 月裡連一個星期五都不會碰上了。

因而，這個問題的正確答案是：2 月裡最多有 10 個星期五，最少有 0 個。

第 2 章

月球和它的運動

❀ *2.1* 是新月還是殘月？

看到天上出現的一輪彎月，不是每個人都能正確無誤地指出它是新月還是殘月。新月和殘月的區別只在於它們凸出的方向不同。北半球的新月總是向右凸出，殘月總是向左凸出。那麼，我們怎樣才能正確地分辨出我們看到的是新月還是殘月呢？

下面我給大家介紹這樣一個事例。

根據月牙和字母 P 和 C 的相似性，我們可以簡單地區分出所見的是新月還是殘月（圖30）。

法國人也有自己的記憶法。他們的方法是：在頭腦中想像出一條連接彎月兩角的直線，這樣就得到拉丁字母 d 或者 p。字母 d 是法文 dernier（意思是後）的第一個字母，可以用來表示殘月；字母 p 是法文 premier（意思是第一）的第一個字母，可以使我們聯想到新月。德國人也使用將月亮的形狀和字母聯繫起來幫助記憶的方法。

不過這些方法只適合在北半球使用。在澳大利亞或者德蘭士瓦，情況恰恰相反。就算是在北半球，在靠近赤道的地區，上面的方法都不適用。在克里米亞和外高加索地區，彎月已經斜臥得很厲害，在更往南的地區，它就完全橫臥著。赤道附近的彎月，就如同掛在地平面上，有時候像在波浪上漂浮的小舟（阿拉伯故事裡有「月亮的梭子」一說），有時候像是發光的拱門。這裡無論是俄語還是法語的字母都不再適用。

生長，新月

衰老，殘月

圖 30　區分新月與殘月的簡便方法。Pастущий 有生長的意思；Старый 的意思是衰老

難怪古羅馬人把斜月叫做「虛幻的月亮」。這種情況下就需要使用天文學上的方法來確定是新月還是殘月：黃昏時出現在西方天邊的是新月；清晨出現在東方天邊的是殘月。

∞ 2.2 月亮的位相

圖 31 這張風景畫上有一點天文學方面的錯誤，錯在哪裡？

月亮的光來自於太陽，因此彎月凸出的一面自然應當朝向太陽，但畫家們經常會忘記這一點。畫展上經常會見到這樣一些風景畫（圖 31）：彎月呈平面狀態朝向太陽；彎月的兩角朝向太陽。

當然應當指出，要正確地畫出一輪彎月並不是一件簡單的事情。甚至有經驗的畫家也會把彎月內弧和外弧都畫成半圓形（圖 32(b)）。實際上只有彎月的外弧是半圓形，內弧是月球受到日光照亮的那部分圓形邊緣的投影（圖 32(a)）。

彎月在天空的位置也不容易確定。半月與彎月之間的位置也常常令人疑惑不解。由於月亮是由太陽照亮的，所以按理來講，如果在月亮的兩角之間畫一條直線，再從太陽畫一條直線與這一條直線的中點連接起來，這兩條直線相交所成的角應當是直角（圖 33）。換句話說，太陽的中心應當位於連接月亮兩角的線段的中垂線上，但實際上只有極狹的蛾眉月才是這樣的情況。圖 34 所示的是月亮在不同位相時和太陽光線的相對位置。從

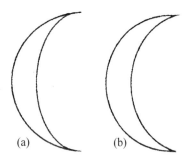

圖 32　正確 (a) 與錯誤 (b) 的
　　　彎月

圖 33　彎月與太陽的相對位置

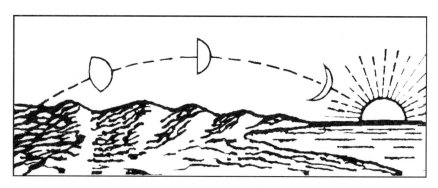

圖 34　我們所看到的位於不同位相的月亮跟太陽的相對位置

圖上可以看出，太陽光線投射到月亮上之前好像已經發生了折曲。

為什麼會出現這樣的情況呢？答案是這樣的：從太陽射到月亮上的光線，確實是垂直於連接彎月兩角的那條線，這兩條線在空間中是呈直線的。但是我們的眼睛看到的並不是天空中的這一條直線，而是這條線在天球圓穹上的投影，也就是一條曲線，這就是為什麼

我們會覺得天上的月亮的位置似乎有些不對。畫家應該研究這些特點並將其正確表現在畫布上。

∝ 2.3　孿生行星

　　地球與月亮可以說是一對孿生行星。之所以這樣稱呼它們，是因為地球的衛星和其他行星的衛星比較起來有個特別的特點，也就是月亮和地球的相對大小和相對質量都很大。太陽系中也有一些衛星，就絕對大小和絕對質量來說都比月亮要大，但是它們跟所從屬的行星的相對大小和相對質量，卻都比月球和地球的相對比例要小得多。事實上，月亮的直徑大約是地球直徑的 $\frac{1}{4}$，而別的行星的最大相對衛星——海王星的衛星特里屯直徑只有海王星的 $\frac{1}{10}$。此外，月亮的質量等於地球質量的 $\frac{1}{81}$，而太陽系中最重的衛星：木星的第三個衛星的質量還不到木星的 $\frac{1}{1000}$。

　　幾個大衛星和它們所從屬的行星質量上的比率見下表：

行星	衛星	衛星質量和行星質量比率
地球	月亮	0.0123
木星	甘尼密德	0.0008
土星	泰坦	0.00021
天王星	泰坦尼亞	0.00003
海王星	特里屯	0.00129

從這張表格可以看出，月亮在質量上跟所從屬的行星 —— 地球的比率，比別的衛星都大。

我們將地球和月亮稱作是一對孿生的行星的另一個理由是，這兩個天體的距離很近。其他行星的許多衛星都跟它們所從屬的行星相隔很遠，例如木星的第九衛星（圖 35）距離木星的距離是月亮距離地球距離的 65 倍。

圖 35 月球離地球遠近跟木星的衛星離木星遠近的比較（天體本身的大小並沒有按照比例來表示）

與此相關的還有一個有趣的事實，即月亮圍繞太陽運行的路線和地球的運行路線差別極小。如果大家設想一下，月亮是在距離地球差不多 400000 公里的地方圍繞太陽旋轉的，那麼一定會覺得上面這些話是不可信的。但我們不要忘了一點，當月亮圍繞太陽運行一周時，地球帶著它走過了它一年內運行的路程的 $\frac{1}{13}$，也就是 70000000 公里。月亮繞地球的圓形路線約長 2500000 公里，假設將這個路線拉大 30 倍的話，那這個圓形的路線會是什麼樣子呢？——將不再是圓形的了。這就是為什麼月球繞行地球的路線幾乎能和地球自身的軌道重合，只有 12 段明顯突出的部分。通過一個簡單的演算法就可以證明，月球路線也是向太陽突出的（此處我們不再贅述這個演算法）。簡單地說，它從形式上很像一個帶有圓角的十二邊形。

　　圖 36 是地球和月亮在一個月中所走的路線圖。虛線代表地球運行路線，實線代表月球路線。這兩條路線彼此十分相像，我們如果想要把它們分割開來，得用極大的比例尺才行：圖 36 中，地球軌道的直徑等於 0.5 公尺。假設我們將地球直徑畫成 10 公分，那麼這兩條路線之間的最大距離會比我們所畫出的線段還要窄。看了這張圖，大家應該就會確信，地球跟月球差不多是按照相同的路線圍繞太陽運轉的，因此，天文學家們將它們稱作「孿生行星」是極其合理的 [1]。

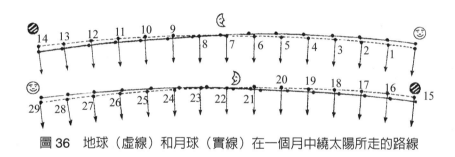

圖 36　地球（虛線）和月球（實線）在一個月中繞太陽所走的路線

　　因此，相對於一個位於太陽上的觀測者來講，月球的運行路線應當是一條差不多和地球軌道重合的但又略微呈波浪狀的線條。這跟月亮圍繞地球沿著一個不大的橢圓形軌道運轉並不衝突。

　　原因當然在於，我們在地球上觀察不到月亮跟著地球在地球軌道上一同前進的運動，

1　仔細觀察圖 36，可以看出，圖中並沒有把月球的運動畫成絕對等速運動，實際上也是如此。月球繞地球運行的軌道是橢圓形，地球位於這個橢圓形的一個焦點上。因此，按照克卜勒第二定律，它在離地球較近時比距離地球較遠時運行得快一些。月球軌道的偏心率很小，為 0.055。

因為我們自己也在進行這樣的運動。

∽2.4　為什麼月亮不會掉到太陽上去？

這個問題似乎顯得有些幼稚，月亮為什麼要掉到太陽上去呢？要知道月球離地球近、離太陽遠，地球對它的引力應該比太陽對它的引力強，理所當然，月球應當被地球所迫而繞著它轉。

然而，有這種想法的讀者不要吃驚，因為實際的情形恰好相反：對月亮的吸引力更大的是太陽而不是地球！

這是可以用計算來證明的。我們現在來比較太陽和地球對於月亮的引力大小。這兩個吸引力的大小都是由兩個因素決定的：吸引月球的物體的質量和這個物體與月球的距離。太陽的質量是地球質量的 330000 倍；假定兩者與月亮的距離相等，那麼太陽對於月球的吸引力就應該是地球對月球的吸引力的 330000 倍。但實際上月亮與太陽的距離是它與地球距離的 400 倍。由於引力大小跟距離的平方成反比，所以，太陽對月球的引力應該是 330000 的 $\left(\dfrac{1}{400}\right)^2$，也就是 $\dfrac{1}{160000}$ 倍。由此可見，太陽對於月球的引力應當是地球對月球引力的 $\dfrac{330000}{160000}$ 倍，也就是 2 倍多。

因此，月球受到的來自太陽的引力是來自地球的引力的兩倍。那為什麼月球沒有被太陽吸引過去呢？為什麼地球還能讓月球圍繞它旋轉呢？為什麼太陽的作用反倒占不了上風呢？

　　原來，月亮不會掉到太陽上去的原因，跟地球不會掉到太陽上去的原因是一樣的。月球和地球一起圍繞太陽運轉，太陽的引力就全部用來把這兩個天體從它們本來想要依直線前進的路線上拉到它們現在的軌道上來，也就是說把直線運動變成了曲線運動。這點可以從圖 36 看出來。

　　可能還有些讀者會有疑問。這一切都是怎麼產生的呢？地球把月球吸引到自己這邊來，太陽卻用更大的力量把它拉到它那邊去，而月球為什麼不掉落到太陽上去，卻偏偏要圍繞地球運轉呢？假如太陽只是吸引月球的話，這確實是一件很奇怪的事情。但實際上，太陽同時吸引著月球和太陽，拉著這對「孿生的行星」，也就是說它並不干涉這一對天體的內部關係。嚴格地說，太陽所吸引的是地球和月球這兩個天體合在一起的整個系統的重心；在太陽引力作用下圍繞太陽旋轉的也正是這個重心。這個重心的位置在地球中心跟月球中心的連線上，距離地球中心相當於地球半徑 $\frac{2}{3}$ 的地方。地球的中心和月亮都要圍繞這個重心運轉，每個月轉一周。

✃ 2.5　月亮看得見的一面和看不見的一面

　　用立體鏡來觀看各種物體，最引人入勝的要算是看見月球的形狀了。在立體鏡裡，你會親眼看見，月亮是真正的球形。而我們在天空中所看見的月亮卻是平面狀的，就如同一個茶具托盤。

　　可是要得到月亮的實體相片卻極其困難，這或許是許多人都不曾想到的。要拍攝這種

照片，就必須對月球變幻莫測的運動規則有深刻的了解。

實際上，月球圍繞地球運轉的時候，始終是以同一面朝向地球，並且在繞地球運轉的同時，它還繞著自己的中軸運動，而這兩種運動都是在同一時間段內完成的。

在圖 37 中，大家看到的是月球的運行軌道。圖中有意突出了月球橢圓體的延伸度，實際上月球軌道的偏心率為 0.055。在比較小的圖形中，肉眼根本無法將其軌道和圓形區分開來：就算將長半軸畫成 1 公尺，短半軸也只比它短 1 毫米，而地球距離月球軌道中心的距離也只有 5.5 公分。圖中有意突出橢圓體的延伸度，是為了使得接下來的敘述更容易理解。

因此，我們假設圖 37 中的橢圓就是月球圍繞地球運轉的路線。地球位於 O 點──橢圓的一個焦點處。克卜勒定律不僅適用於行星圍繞太陽的運動，同時也適用於衛星圍繞行星的運動，尤其適用於月亮的運動。根據克卜勒第二定律，月亮在一個月的 $\frac{1}{4}$ 的時間內走過的路程是 AE，因此圖形 OABCDE 的面積等於整個橢圓面積的 $\frac{1}{4}$，也就是等於圖形 MABCD 的面積（此圖中，MOQ 面積 = DEQ 面積，則 MOQ + OABCD = DEQ + OABCD，即 MABCD = OABCDE）。因此，在一個月的 $\frac{1}{4}$ 的時間內，月亮從 A 點運行到 E 點。同其他行星的自轉一樣，月亮的自轉和它們圍繞太陽的公轉不同，自轉都是等速的：在一個月 $\frac{1}{4}$ 的時間內，它們旋轉了剛好 90°。所以，當月球位於 E 點時，它從 A 點圍繞地球旋轉的半徑範圍是一個大於 90° 的弧形，因此其投射點並不是 M 點，而是 M 點左

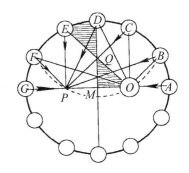

圖 37　月球圍繞自己的軌道繞地球運轉

邊的某點，這一點距離月亮軌道的另一個焦點 P 點不遠。由於月亮表面稍微偏離了地球上的觀測者，因此觀測者能看到它右半部分原來看不見的一小部分，即呈眉形的邊緣。月亮位於 F 點時，觀測者還可以見到平時看不見的部分的更窄的一部分，因為 $\angle OFP$ 比 $\angle OEP$ 小。在 G 點——月球軌道的遠地點，月球相對於地球的位置和位於近地點 A 時相同。在接下來的運動中，月球面向地球的是它的另一端，地球上的觀察者就可以看到它不可見部分的另一小部分：這部分在開始時逐漸擴大，然後慢慢縮小，在 A 點的時候月亮又恢復了原來的位置。

我們認為，由於月亮的軌道是橢圓形的，月球朝向地球的那一面不會始終完全相同。月球不是始終以相同的一面朝向地球，而是朝向它軌道上的一個焦點。在我們看來，月亮像是在圍繞天平上的中心位置來回搖擺——這種搖擺在天文學上稱作「天平動」。天平動的大小是用相應的角度來測量的，例如：E 點的天平動等於 $\angle OEP$。最大的天平動接近 $8°$，為 $7°53'$。

讓我們來觀察天平動的角是如何隨著月球在軌道上的移動而增加或者減小的。以 D 點為圓心，用圓規畫一條弧線通過 O 和 P 兩個焦點，這條弧線在 B 和 F 點與軌道相交。$\angle OPB$ 和 $\angle OFP$ 兩個角都等於 $\angle ODP$ 的一半。在 B 點時達到最大值的一半，然後開始慢慢增加。在從 D 點到 F 點的軌道上，天平動開始慢慢減少，接著減小的幅度增大。在橢圓軌道的下半段，天平動大小的改變情況和上半段一樣，不過方向相反（在軌道各點上天平動的大小，大約跟月球距離橢圓形長徑的距離成正比）。

我們剛才談論的是月球的「經天平動」。月球還有一種「緯天平動」。月球軌道的平面跟月球赤道的平面呈 $6\frac{1}{2}°$ 的角。因此我們從地球上觀察月球時，在某些時候可以從南面

略微瞥見一點月球不可見的那一面，在某些時候又可以從北面瞥見它一點。這種緯天平動最大爲 $6\frac{1}{2}°$。

現在我們來分析天文攝影家是如何利用月球的這些微擺來拍到它的實體相片的。讀者們或許已經猜到，要得到月亮的實體照片，必須選擇兩個這樣的月球位置：當它位於一個位置時，相比於另一個位置，它已經轉過了一個足夠大的角。例如 A 點和 B 點，B 點和 C 點，或者 C 點和 D 點等等，這類適合拍攝月球實體照片的點很多。但是我們又遇到了新的難題：在這些位置的時候，月球的位相在 1.5 ～ 2 晝夜的時間內相差太大，使得月亮發光部分的邊緣在照片上所呈現的並非是陰影，這對實體照片來說是不應當存在的（這一邊緣會如銀子般發亮）。由此就出現了一個難題：拍照者需要守候一段時間，才可以拍到相同位相的月亮位相。這些位相的經天平動在大小上應當使得發光部分的邊緣通過同樣的月面才行。此外，前後兩次月面的緯天平動也必須完全相同。

現在大家可以明白了，要得到一張很好的月亮實體照片是多麼困難了。因此，如果大家聽說一對實體照片中的一張常常需要在另一張拍攝成功之後好幾年才能拍成，也就不會感到驚奇了。

我們的讀者不見得會去拍攝月球的實體照片。我們之所以在此對這種照片的拍攝方法加以說明，自然並非抱著某種實用的目的，而是爲了讓大家明白月球運動的一種特性，使天文學家有機會看到平常見不到的月球的那一面的一小部分。由於月亮有兩種天平動，因此總的來說，我們所看見的就不只是月球的一半，而是它的 59%，完全看不見的部分是 41%。誰也不知道我們所看不見的部分是怎樣的構造。我們只能推測它和月亮可見的一面不會有

很大的差別 [2]。天文學家也曾嘗試著把月球上的山脈從看得見的一面向後延長，試圖藉此而畫出看不見的那一面上的某些細節來。不過這些想像中的事實是否屬實，我們現在還無法加以證實。在此我們只說「現在」，不說將來，因為人們那時候已經可以乘坐一種能夠克服地球引力飛入太空的特別飛行器，飛到月球上去，這一大膽的設想在不久的將來就可以實現了。此外，目前我們已經明白了一個事實：在月球的看不見的那一面有空氣和水的假設是完全沒有根據的，因為這跟物理學規律相矛盾。既然月球的這一面沒有空氣和水，那另一面當然也不會有（我們在後面還會談到這一點）。

∝ 2.6　第二個月亮和月亮的月亮

　　報紙上不時會出現這樣的消息：某個觀測者成功地觀測到了地球的第二顆衛星，即第二個月亮。雖然這樣的消息從未得到證實，但這個話題還是很有意思的。

　　關於地球的第二顆衛星的存在問題並非新鮮事，這是一個有著很長的歷史的問題。讀過凡爾納的《環遊月球記》的人也許都記得，書中就提到過第二個月亮。這個月亮很小，速度很大，所以地球上的人看不到它。凡爾納說，法國天文學家蒲其曾猜測過它的存在，並且將它繞行地球的週期確定為 3 小時 20 分鐘。地球的這顆衛星距離地球表面的距離是 8140 公里。有趣的是，英國《知識》雜誌在一篇談到凡爾納所說的天文學的文章裡，認為所謂

2　現代空間探測證實，月球背面占優勢的結構主要是色調明亮的高地，這與月球正面存在巨大差別。這個現象的成因，尚屬未解決的謎題。──編者注

的蒲其的發現，甚至蒲其本人，都純屬虛構。事實上，在任何一本百科全書中都沒有提到過這位天文學家。圖盧茲天文臺的台長蒲其在 19 世紀 50 年代確實認為存在第二個月亮。那是一顆繞地球一周需要 3 小時 20 分鐘的流星，不過它和地球表面的距離不是 8140 公里，而是 5000 公里。當時也只有少部分天文學家同意這種說法，後來就完全被遺忘了。

理論上來講，假設存在這樣一個衛星，是跟科學沒有一點衝突的。不過這類天體應當不只是在它經過（亦即我們看到它們好像經過）月面或者日面的時候才能被觀察到。

就算這樣的天體位於距離地球十分近的地方，以至於它的每一次運轉都淹沒在地球廣闊的陰影裡，但在黎明和黃昏的時候，總是可以在天空熹微的陽光中看見它是一顆發亮的星星的。它運轉迅速，過往頻繁，因此一定會引起很多人的注意的。日全食的時候，第二個月亮也一定逃不過天文家們的眼睛。

總之，地球如果真的有第二顆衛星的話，人們一定會經常見到它。然而人們確實一次也沒有見到過它的出現。

除了第二個月球的問題之外，還有一個問題是：我們的月球是不是一定沒有它自己的小衛星或者月球的月球呢？

但要直接證明月球也有衛星，是一件非常困難的事。天文學家莫爾頓說過這樣的話：

「滿月的時候，它的光或者太陽的光都會使人們看不清它附近的極小的天體。只有在月食的時候，月球附近的天空不會受到漫射的月光的影響，月球的衛星才有可能被太陽照亮。因此，只有在月食的時候才能指望看到環繞月球的小天體。然而人們已經做過這一類的探測了，但沒有得到任何實質性的結果。」

◯ *2.7*　月球上為什麼沒有大氣？

　　有些問題如果先把它倒過來說明一下，就很容易說清楚。月球上為什麼沒有大氣就屬於這一類問題。在回答為什麼月球不能將大氣留在自己的周圍之前，我們先考慮這樣一個問題：「為什麼地球周圍環繞著大氣？」我們知道，和一切氣體一樣，空氣由各種彼此不相關的分子組成，這些分子向各個方向急速運動。在溫度為 0℃時，它們的平均速度大約是每秒鐘 0.5 公里（相當於手槍子彈的速度）。為什麼這些分子不會擴散到太空中去呢？原因和子彈不會飛到太空中去一樣。分子運動所產生的能量被用來克服地球的引力，因此它們不會飛向太空，而是落回到地球表面。假設在接近地球表面處有一粒分子，以每秒 0.5 公里的速度垂直往上飛，能飛多高呢？不難算出：假設速度是 v，高度是 h，地球重力加速度是 g，三者之間的關係是：

$$v^2 = 2gh$$

代入數字，$v = 500$ 公尺 / 秒，$g = 10$ 公尺 / 秒 ^{2}，

可得

$$250000 = 20h$$

因此

$$h = 12500 公尺 = 12.5 公里$$

　　但是，如果空氣分子的飛行高度不超過 12.5 公里，那麼在這個高度以上的空氣分子又來自何處呢？要知道，大氣中的氧氣是在接近地面的地方形成的。是什麼力量將空氣分子

抬高到 500 公里以上高空的呢？這個問題就如同下面這個問題一樣：「人類的平均壽命是 40 歲，那麼 80 歲的老人是從哪裡來的呢？」一個統計學家對這個問題的回答方式，和一個物理學家回答我們所提出的問題一樣。原來，我們的計算方式針對的只是平均分子，而不是具體的分子。平均分子每秒鐘的運動速度是 0.5 公里，而具體的分子有的比這運動得快，有的運動得慢。高於或者低於平均速度的分子所占的比例並不大，並且隨著與平均速度的差數增大，分子所占的比例迅速減少。在 0℃時，一定體積的氧氣中只有 20% 的分子速度是每秒 400 ～ 500 公尺；速度在每秒 300 ～ 400 公尺的分子所占的比重也是 20%；速度為每秒 200 ～ 300 公尺的分子占 17%；9% 的分子速度為每秒 600 ～ 700 公尺；8% 的分子速度是每秒 700 ～ 800 公尺；另外還有 1% 的分子以每秒 1300 ～ 1400 公尺的速度運動。還有很小一部分分子（不到百萬分之一）的速度為每秒 3500 公尺，而這個速度足以使分子飛到 600 公里的高度。由上面的公式我們可以得到

$$3500^2 = 20h$$

因此，$h = \dfrac{12250000}{20}$ 公尺，大約等於 600 公里。

這樣就可以明白，為什麼在距離地面幾公里的高空還有氧氣分子存在了：這是因為氣體的物理特性決定的。但是氧氣、氮氣、水蒸氣和二氧化碳的分子運動速度又都不足以使它們完全脫離地球，因為這裡所需的速度至少為每秒鐘 11 公里。在溫度較低的情況下，上述各種氣體只有個別分子才能達到這個速度，這就是為什麼地球能吸引住大氣層的原因。地球大氣中最輕的氣體是氫氣。據統計，即便要使它減少一半，也得經過無數萬年，所需的時間要用 25 位數才能表示出來。因此，地球大氣的成分和質量在幾百萬年的時間內是不

會產生什麼變化的。

現在只需要幾句話就足以講明白，為什麼月球不能留住大氣層了。月球上的重力為地球上的重力的 $\frac{1}{6}$，因此在月球上克服重力所需的速度也只需要地球上的 $\frac{1}{6}$，也就是每秒 2360 公尺。氧氣和氮氣分子在不十分高的溫度條件下，就能達到這個速度。所以不難明白，月球一定曾經不斷地失掉它的大氣（如果月球上曾經有過大氣的話）。在運動最快的分子離開之後，就會有別的分子獲得飛離月球所需的臨界速度（這是根據氣體分子速度分配定律得出的結論）。這樣，大氣中一去不復返地消失在太空中的分子就會越來越多。在宇宙演變的漫長過程中，只需要極少的一段時間，全部大氣就會離開重力如此小的天體表面。

經過數學演算可以證明，如果一個行星的大氣分子的平均速度為臨界速度的 $\frac{1}{3}$（相對於月球而言：2360÷3 = 790 公尺／秒），那麼，這個星球的大氣就會在幾週內消失一半（只有大氣分子的平均速度小到臨界速度的 $\frac{1}{5}$ 的天體，才能吸引住大氣層）。

曾經有人認為，地球上的人類訪問並征服了月球之後，總有一天會用人造的大氣把月球包圍起來，使它適合人類居住。大家看了這一節內容之後，一定會明白這並不是件容易的事情。月球上沒有大氣並不是偶然，這絕不是自然界隨心所欲造成的，而是物理學法則的必然結果。

同理，對其他重力不大的天體來說，也由於同樣的原因，不會有大氣包圍[3]。

3　1948 年，莫斯科天文學家利普斯基證實，月球上有殘存的大氣。月球上大氣的總質量等於地球大氣質量的十萬分之一。現代測量學證實，月球上殘存的大氣密度不超過地球大氣密度的一百億分之一。——編者注

○8 *2.8* 月球世界的大小

　　關於這一點，當然用數字來說明最為準確：月球的直徑（3500 公里）、月球的面積、月球的體積。然而雖然在計算的過程中數字是必不可少的，但要使我們對月球的大小有真正深刻的印象，數字卻沒有多大的意義。因此，最好還是用具體的比較來說明。

　　我們先來比較月球上的大陸（月球其實就是一片連綿不斷的大陸）和地球上的大陸（圖 38）。圖示的結果比我們抽象地說月球的表面積只有地球的 $\frac{1}{14}$ 要具體很多。用平方公里來表示的話，月球的表面積只略小於南、北美洲的面積。而月球朝向地球的那一面，差不多剛好等於南美洲的面積。

　　為了能清楚地比較月球上的「海」和地球上的海，我們在圖 39 中把黑海和裏海按照同一比例畫在了一張月球表面圖上。這樣我們馬上就能看出，月球上的「海」雖然占的地方不小，但實際上並不大。比如，澄海（170000 平方公里）幾乎只有裏海的 $\frac{2}{5}$。

　　然而，月球上的環形山卻非常龐大，地球上的山峰是無法與之比擬的。例如格利馬爾提環形山所環抱的月面，就比貝加爾湖的面積還大。它能把比利時或者瑞士這樣的小國家完全包圍起來。

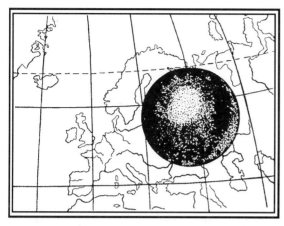

圖 38　月球和歐洲大陸的比較
（但我們不能由此得出結論，以為月球的表面積比
歐洲面積小）

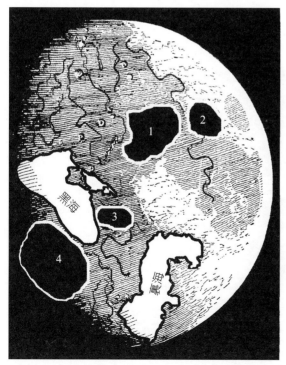

圖 39　地球上的海和月球上的「海」的比較：把黑
　　　海和裏海移到月球上去的話，會比月球上所
　　　有的「海」都大
（1：雲海；2：濕海；3：汽海；4：澄海）

○ 2.9　月球上的風景

　　我們經常可以在書中見到月球表面的照片，對於月面那些突起的環形山或者環形口輪廓，每一位讀者也許都熟悉（圖40）；或許，有的讀者已經用不十分大的望遠鏡觀察過這些山了；觀察這些山只需要一架直徑為 3 公分的小型望遠鏡就可以了。

　　然而不論是照片還是望遠鏡，都難以顯示出站在月面上的人所見到的月球的情景。如果觀察者站在月球上的山體附近，就一定會看到和望遠鏡中所見截然不同的景致。從極高的地方觀察物體跟在物體附近觀察它是完全不一樣的。我們用幾個實例來說明其中的不同之處。從地球上看來，愛拉托斯芬環形山中間還有一座高山。透過望遠鏡可以清楚地看出這座山的輪廓。然而，如果我們來看它的側影（圖41），就可以看到，該環形山的直徑很大（大

圖 40　月面上典型的環形山

約爲 60 公里），中間那座山的高度卻很小。由於存在斜坡，所以它的高度就顯得更小了。

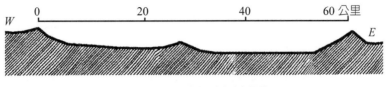

圖 41　巨型環形山剖面圖

　　現在我們設想自己是在這個環形口內散步，同時記住這環形山的直徑相當於拉多加湖到芬蘭灣的距離。這時，環形山就幾乎看不出來了：月面的突起部分掩蓋了它較低的部分，因爲月球上的「地平線」範圍只有地球上的一半（因爲月球的直徑只有地球短直徑的 $\frac{3}{4}$）。一個中等高度的人，站在平地上環顧四周時，也只能看到不超過 5 公里的範圍。用地平線距離[4]公式表示爲

$$D = \sqrt{2rh} \text{，}$$

　　此處 D 代表距離，單位爲公里；h 代表眼睛的高度，用公里表示；r 是地球的半徑，也用公里表示。

　　將有關地球和月球的資料分別代入這個公式，可以計算出一個中等身材的人能夠看見的「地平線」距離：

在地球上是 4.8 公里

4　關於「地平線」距離的計算，參見本書作者的《趣味幾何學》第六章。

在月球上是 2.5 公里

　　圖 42 表示的是一個置身於巨型環形山口中央的人所看見的畫面（這是月球上的另外一個環形山口，叫做阿基米德風景）。這是一片廣闊的平原，在地平線上有一帶連綿不絕的群山，這和我們平常所設想的「月球上的環形山口」沒有一點相似之處！

圖 42　置身於月面上巨型環形山中央所見的景物

　　如果觀察者來到環形山口的外面，他所見到的仍不是期望的情景。環形山外側的斜坡（圖 41）是如此的平坦，以至於根本看不出它是山。並且，他無法相信這種丘陵地帶就是環形山。環形山內部還有一個圓形的盆地，只有越過這些丘陵才能清楚地看出這一點。然而，越過丘陵之後，我們的這位月球「登山運動員」仍見不到一點明顯的山體類的東西。

　　除了巨型環形山之外，月球上還有很多小的環形口，即便是站在附近也可以將其一覽

無遺，但是它們的高度極小，觀測者基本上難以見到任何別致之處。然而它們都有著和地球上的山體一樣的名字：阿爾卑斯、高加索、亞平寧等；它們的高度也可以與地球的山體相媲美，可到七、八公里，但由於月球相對比地球小，這些山體在月球上就顯得十分高大。

　　由於月球上沒有大氣，因而陰影非常清晰，所以從望遠鏡裡可以見到一種有趣的幻景：極小的凹凸會被放大，並呈現出凹凸感極大的現象。試把半顆豆子放在桌上，凸面朝上。它大不大呢？請看它那條陰影有多長（圖43）！月球上的物體也是如此。當日光從側面照向月球時，物體的陰影常常是物體高度的 20 倍。這一現象給了天文學家很好的幫助：使用望遠鏡就可以把月面上高度只有 30 公尺的物體觀察出來。但這同樣也會使我們有時候把月面上的凹凸料想得過大了。

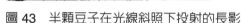

圖 43　半顆豆子在光線斜照下投射的長影

　　比如說，我們在望遠鏡見到的派克峰，輪廓十分清楚，這讓人不由自主地認為它是一座險峻的山峰（圖44）。從前人們就是這樣認為的。然而，如若從月面上來觀察它，我們就會看到圖 45 所示的另外一幅景像。

　　另一方面，我們又會低估了月面上的一些地形特徵。我們在望遠鏡裡見到月面上有些幾乎可以忽略的狹縫，我們會認為它們是月面風景中微不足道的東西。然而假如我們真的來到月面上，就會發現這是一些黑黝黝的深深的溝塹，它們從我們的腳邊一直延伸到天邊。還有別的例子。月球上有一個叫做「直壁」的地方，它是一些隔斷月面平原的直立的斷崖。從圖 46 上我們不會想到它有 300 公尺高。如果站在這種峭壁腳下，我們一定會被它的宏偉所征服。圖 47 中所顯示的是畫家所描繪的從直壁下方見到的峭壁景像：它的一端一直延伸到「地平線」以外，長度達 100 公里！

圖 44　派克峰在望遠鏡裡顯得非常險峻

圖 45　在月面上看來，派克峰很平坦

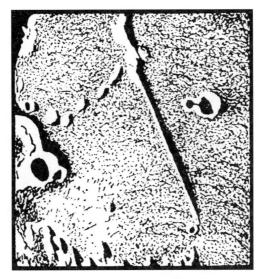

圖 46　望遠鏡裡所見到的月面上的「直壁」

圖 47　站在「直壁」腳下見到的峭壁

透過強大的望遠鏡所看到的月面上的裂口，它們實際上也是一些龐大的洞穴（圖48）。

圖 48　在月面裂口附近所見到的情景

∾2.10　月球上的天空

黑色的天空

如果地球上的人能夠來到月球上，首先引起他注意的將會是三種不同尋常的情景。

最先映入眼簾的是月球上白晝的顏色：它不是地球上所常見的青色，而是完全黑色的；天空中點綴著很多星星，同時還有強烈的太陽光照耀著！月球上的天空中的星星都極其明

亮，但卻並不閃爍，這是因為月球上沒有大氣的緣故。

　　法國天文學家佛蘭瑪理翁用他獨特的生動語言描述過：

　　「蔚藍色的明澈的天空，黎明時豔紅的晨曦，薄暮時壯麗的晚霞，沙漠裡令人著迷的美景，田野和草原上遠景朦朧；還有你，泛著遠處蔚藍色天空明鏡一般的湖水——你們這一切美麗的景色，都是完全得益於那包圍地球的一層輕輕的大氣。沒有這層大氣，這些圖畫、這些美景，一樣都不會存在。不會有蔚藍的天空，取而代之的是一片無邊無際的黑色空間。不會有美妙的日出和奇幻的日落，而是晝夜之間的突然交替。在日光照射不到的地方，不會有柔和的光線，而是除了日光直射的地方十分明亮以外，所有別的地方都會被濃濃的陰影籠罩。」

　　如若地球上的大氣稍微稀薄一些，天空就不會那麼青了。蘇聯的平流層飛艇「自衛航空化學工業促進會號」探險者在 21 公里的高空就曾看見頭頂的天空差不多是黑色的。上述引用的那一段話裡所想像的自然界的景色，正是月球上真實的情景——黑色的天空，沒有晨曦和晚霞，有的地方很耀眼，有的地方卻是濃濃的陰影。

月球天空中的地球

　　月球上第二道風景則是高懸於天空中的巨大的地球。當空間旅行者飛向月球時，這個原本在他腳下的地球，現在卻意外地出現在頭頂上，這種情景往往讓旅行者備感驚訝。

　　宇宙中沒有唯一的「上」、「下」之分。當我們離開地球來到月球時，就不應該因為

見到位於頭頂的地球而感到驚訝。

懸掛在月球天空中的地球是極其龐大的一個圓面：它的直徑是我們在地球上所見到的月球的 4 倍。這就是月球的旅行者所見到的第三種奇景。如果說地球上的景物在月光下已經被照得足夠亮的話，那麼在月球的夜空中，由於地球圓面是月面的 14 倍，所以它會顯得異常明亮。天體的亮度不僅取決於它的直徑大小，還決定於它表面的反射能力。就反射能力來說，地球是月球的 6 倍，因此整個地球表面的光照在月球上時，亮度應該是滿月的光照在地球上的亮度的 90 倍[5]。在月球上的「地夜」中，可以閱讀字體很小的報刊。月面被照耀得如此之亮，使得在地球上的我們都能在 400000 公里之外看到新月凹面沒有被太陽光照亮的部分的朦朧的光。我們設想一下，當有 90 個滿月照射著地球，並且此時月球上沒有能夠吸收光線的大氣，這就是月球上的「地夜」的景色。

位於月球上的旅行者能不能看清地球上大陸與海洋的輪廓呢？有一種流行的錯誤觀念認為，月球天空中的地球就像一個地球儀。畫家們在描述宇宙空間裡的地球的時候，畫出的就是一個地球儀一樣的地球。他們在地球表面畫出大陸的輪廓和兩極地區冰雪的極冠。這些都不過是幻想。從別的星球觀察地球時，是不可能分清楚這些細節的。且不說地面總有一半被大氣遮住，僅只是地球的大氣就會把日光漫射得很厲害，因此地球也跟金星一樣發亮、一樣看不清楚。普爾科夫天文臺的天文學家季霍夫在研究了這個問題之後這樣寫道：

5　月球上的土，並非我們所想像的白色，而是暗黑色的。這和白色的月光並不矛盾。丁鐸爾在一本討論光線的書中寫道：「日光，即使是從黑色上反射過來仍然是白色的。所以，即便是月球披上了黑色的絲絨，它在天空看上去依舊會像一面銀盤。」月球上的土反射日光的平均能力，跟潮濕的黑土差不多，而極暗的地方所漫射的光線，也只比維蘇威火山的岩漿所漫射的略微弱一點。

「從天空中觀看地球，我們只能看見一個極其蒼白的圓面，極難分清它的各種細節。投射到地球上的日光，在未達到地面以前就被大氣和大氣中的雜質漫射到太空中去了，而地面本身所反射的光線又由於大氣的再次漫射而變得極其微弱。」

因此，如果說月球將其表面清晰地展示於人，那麼地球卻將自己的面貌遮藏起來，不給月球和其他一切天體看。這是由於地球有大氣包圍的緣故。

不過月球與地球的區別還不止這一點。在地球的天空，月球同其他星球一樣東升西落。在月球的天空，地球卻不是這樣運動的。它並不升起，也不降落，並不像其他眾星一樣進行緩慢而又嚴格的運動。它一直懸掛在月球的天空，其所處的位置對月球各地來講都是固定的一個位置，同時所有的星星都在它背面慢慢地滑過。這是我們前面已經提過的月球運動的一個特點造成的：月球總是同一面朝向地球，因此在月球上來看，地球幾乎總是靜止不動地懸掛在天空。假如地球剛好位於月球上某一環形口的天頂，那它永遠也不會離開這個天頂。如果就某一地點來看，地球位於「地平線」上，那麼它將會永遠處於這個「地平線」上。只有前面所提到過的月球的天平動，才使這種位置略微改變一些。星空在地球圓面背後慢慢地旋轉，每經過 $27\frac{1}{3}$ 個地球上的晝夜轉完一周；太陽在 $29\frac{1}{2}$ 個地球上的晝夜裡繞行一周；其他行星也做同樣的運動，只有一個地球幾乎是固定地停在黑色的天空中。

然而，雖然地球總是停在原地，但它卻在 24 小時內很快地繞軸心自轉一周。如果地球上的大氣是透明的話，那地球就可能為月球上未來的星際旅行者提供一座很方便的天空時鐘。此外，地球也像月球一樣在我們的天空裡有位相的變化。這就是說，地球在月球的天

空中並不總是呈現出一個完整的圓面；它有時候是一個半圓，有時候是新月模樣，有時候寬，有時候窄，有時候是一個凸出的大半圓，這些都取決於被太陽照亮的那半個地球朝向月亮的部分有多大。如果把太陽、地球和月球的相互位置畫出來，就很容易得出這樣的結論：地球和月球的位相恰恰相反。

當我們看見朔月的時候，月球上的人應當看見一個圓滿的地球——「滿地」；反之，我們看見滿月的時候，月球上應當是「朔地」，只看到帶有明亮圓圈的一個黑色的圓球（見圖 49）。我們看見蛾眉月的時候，月球上看見的地球圓面已經初虧，並且虧損的部分一定跟這個時候蛾眉月的寬度剛好相同。不過地球的位相並不像月球一樣輪廓分明：地球上的大氣會使它發光的邊緣模糊，從而造成晝夜之間的逐步交替，正如我們在地球上所見到的晨曦與晚霞一樣。

地球的位相還有一點與月球不同。地球上的人永遠看不見朔月時的月球。雖然這時候月球通常位於太陽的上下（有時候相離 5°，也就是它直徑的 10 倍。），而它那條被太陽照

圖 49　月球天空的「朔地」。這時候，地球圓面中央是全黑的，四
　　　周有一個由發亮的地球大氣所形成的明亮的圈

亮的狹窄的邊緣應該可以看得見，但我們還是看不見這條邊，因為太陽光把朔月的這條銀色細線光遮蔽了。我們一般只有在朔月以後兩天才能看見它，這時候它離開太陽已經相當遠了。有時（春天）一天以後也能看見它，但這是很少有的事情。從月球上看「朔地」的情形卻不一樣：月球上沒有可以漫射太陽光線的大氣，不會在太陽周圍形成光芒，因而恆星和行星就都不會在太陽光中消失，而會在太陽附近清清楚楚地放光。所以，只要地球沒有正好把太陽擋住（也就是說不是在日食的時候），而是比太陽略高或者略低，那它總能在群星羅列的黑色的月球天空裡顯現出它狹窄的面孔，它的兩角是背著太陽的（圖 50）。隨著地球逐漸移向太陽的左方，這個彎鉤也似乎在向左運動。

圖 50　月球天空中的「新地」，位於下方的白色圓面就是太陽

　　我們現在所描述的現象，透過一個不大的望遠鏡來觀察月球就可以看到：在滿月時，月面並不是一個整圓；因為太陽和月球的中心並不和觀察者的眼睛位於同一條直線上，所以月面上就少了狹窄的一鉤，這一條黑色的細鉤隨著月球右移而沿著被照亮的月面邊上向左滑動。而地球和月球的位置總是相反的，因此這時月球上的人應當會看見「新地」的彎鉤。

　　我們已經提到過，地球並不是完全固定在月球的天空，它在一個中間位置的南北擺動 14°，東西擺動 16°。所以，在月球上可以看到地球在接近「地平線」的地方有時候好像是要沒落，可馬上又升起，這樣就形成了一些奇怪的曲線（圖 51）。地球就這樣在「地平線」的某一位置升降，並不繞過整個天空，並持續很多個地球的晝夜。

圖 51　由於月球的天平動，地球慢慢地從月球的「地平線」出現又
　　　　消失。虛線表示的是地球圓面中心所經的路線

月球上的食象

　　關於月球天空的現象還應當補充描述一下食象。月球上有日食和「地食」兩種。月球的日食並不像地球的日食，前者給人的印象更深刻。月球上的日食發生在地球上出現月食的時候，因為這時候地球位於連接太陽和月球的直線上，月球沒入地球投射出的陰影裡。凡是看過這種月面的人都知道，這時候的月亮並不是完全沒有光以至於我們一點也看不見它，我們一般看到的都是它在地球錐形陰影的內部一種櫻紅色光線照射之下。如果這時候我們去到月球上來看地球，那麼就會明白月球此時受到櫻紅色光線照射的原因了。在月球的天空，位於耀眼的然而卻小得多的太陽前面的地球，雖然是一個黑色的圓面，外面卻包圍著由大氣所形成的紫紅色邊緣。也就是這條邊，用它那紫紅色的光線照亮了這個沒入陰影的月球（圖52）。

圖 52　月球上的日食過程：太陽逐漸走向固定懸掛在月球天空的地球後面

　　月球上的日食並非像地球上的日食一樣，只持續幾分鐘，而是長達 4 個小時，這是因為月球的日食就是地球上的月食，只不過是在月球上而不是地球上觀察到的。

　　至於「地食」，它們的時間是如此的短暫，以至於都不能稱為「食」。「地食」是在地球上發生日食的時候發生的。這個時候，月球上的人可以在龐大的地球圓面上看見一個移動的圓形小黑點，小黑點經過的地方就是地面上能夠看見日食的地帶。

　　應當指出，像地球上的日食那樣的天象是不可能在太陽系中的其他任何地方看見的。這種特別的現象是由地球的一個條件決定的，即遮蔽太陽的月球離我們的距離跟太陽本身距離地球遠近的比值，恰好和月球的直徑跟太陽的直徑的比值略微相等。

❀ 2.11　天文學家為什麼要觀察日月食？

　　正是由於剛剛所提到過的這個條件，那個經常拖在月球後面的錐形長影，才會剛好達到地面（圖 53）。嚴格來講，月球陰影的平均長度要比月球離地球的平均距離小，因而如果只談平均數，那就會得出結論，認為我們無論如何也不會看見日全食了。我們之所以經常

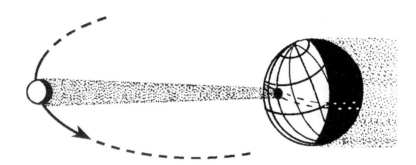

圖 53　月影的錐尖劃著地球的表面：錐尖劃到的地方便是能夠看見
　　　　日食的地方

看見日全食，就是因為月球繞地球的軌道是一個橢圓形，軌道的某一部分比另外一部分距離地球近 42200 公里：月球與地球之間的距離最近時是 356900 公里，最遠時是 399100 公里。

月影的一端在地面上移動，在地面上劃出了「日全食地帶」（圖 53）。全食地帶寬度不足 300 公里，所以每次能夠看見日食的人數都是有限的。如果再考慮到日全食的時間只有幾分鐘（不超過 8 分鐘），那我們就會明白為什麼日全食是一種少見的奇景了。就地球上的某一地方來講，日食要二、三百年才會出現一次。

所以，科學家實際上是在追逐日食。他們組織遠征隊到地球上能夠看見日食的地方去進行考察。這種地方有時候很遙遠，但他們也不在乎。1936 年 6 月 19 日出現的那次日食，只有在蘇聯境內才能看見全食。為了能觀察到持續兩分鐘的日全食，有 10 個國家的 70 名科學家不遠萬里來到蘇聯。其中有 4 個遠征隊因為陰天的緣故，什麼也沒能看見。蘇聯天文學家的觀測規模極其龐大，在全食地帶中，蘇聯人組織的遠征隊近 30 個。

1941 年，處於戰爭狀態的蘇聯政府，依舊組織了一系列遠征隊，分布在從拉多加湖到

阿拉木圖的整個全食帶上。1947 年，蘇聯政府派出遠征隊赴巴西觀察 5 月 20 日的日全食。蘇聯參加過的規模尤其龐大的觀察日全食的活動是 1952 年 2 月 25 日和 1954 年 6 月 30 日。

月食的次數雖然只有日食次數的 $\frac{2}{3}$，但我們卻能常常觀察到月食。這個天文學上的矛盾是很容易解釋的。

只有在月亮擋住了太陽的有限地帶，我們才能在地球上看到日食。在這個地帶裡，有的地方看見全食，有的地方看見偏食（偏食就是太陽表面只有一部分被月亮遮住）。在這一地帶裡，日食開始的時間不一樣，這不是因為時間的計算方法不同，而是因為月影沿著地球表面移動，因此各個地方沒入月影的時間是不一樣的。

月食的情況就完全不同了。月食發生的時候，在可以看見月球的半個地球上都可以同時看見月食。月食發生的時候，月面的各種變化在不同的地方都可以同時看到，只是由於各地時間標準不同，因此月食的時間說起來也不相同。

天文學家用不著追逐月食，月食自己就會到來。但為了能觀察日食，卻需要進行遠途旅行。天文家們組成遠征隊到熱帶的海島、到西方或者東方很遠的地方去，只是為了能看見黑暗的月球在幾分鐘的時間內遮住太陽的情景。

那麼，為了觀察轉瞬即逝的日食而進行價格不菲的遠征究竟值不值得呢？難道不能在太陽沒有被月球遮住的時候進行相同的觀測嗎？為什麼天文學家們不製造人工日食呢，這只需要在望遠鏡裡用一個不透明的圓片遮住太陽不就可以了嗎？這樣的話，就可以毫不費勁地觀測到日食時的有趣現象了。

然而，這樣的人工日食無法使我們看見太陽被月球遮住時的情景。原因在於，太陽的

光線在到達我們的眼睛之前穿過了地球大氣層，因而被空氣分子漫射了。也正是因為如此，我們在白天所看到的是明媚的藍天，而不是一個點綴著繁星的黑色天空。我們置身於大氣海洋的底部，如果用一個不透明的圓片遮住太陽，那麼太陽射來的光線是看不見了，但我們頭頂上的大氣依舊受到太陽的照射，它依舊漫射光線，由此而遮住了天空的群星。如果遮蔽日光的那層幕位於大氣之外的話，就不會有這種情況出現。月亮正是這樣的一道幕，它比大氣邊界還要遠幾千倍。太陽光線在進入地球大氣之前就被這個幕隔斷了，所以暗影區中就不會產生光的漫射現象。誠然，漫射現象也不是完全不會發生。周圍光區所漫射的光線仍然會少量進入暗影區，所以，在日全食的時候天也不會像半夜一樣漆黑，不過此時只能看到最亮的星星。

在觀察日全食的時候，天文學家們需要解決些什麼問題呢？

第一項任務是他們需要觀察太陽外層所謂的「反變層」的光譜線。通常情況下，太陽的光譜線是位於一條明亮的譜帶上的許多暗線。在太陽表面被月球完全遮住之後幾秒鐘內，它就會變成一條暗的譜帶上的許多明線，也就是吸收光譜變成了發射光譜。這種發射光譜又叫閃光譜。它可以是一種寶貴的資料，供我們去研究太陽外層的性質。這種現象並非只在日食的條件下才能觀測到。只不過在日食的時候可以看得很清楚，因而天文學家們都不願錯過這機會。

第二項任務是研究日冕。日冕是只能在日全食的時候才能觀測到的幾種奇特現象之一。它位於被太陽外層的火一般的突出物（日珥）圍繞的黑色月面周圍，並且在不同的日食時間內呈現出大小和形狀各不相同的珠光（圖 54）。日冕的長線通常是太陽直徑的好幾倍，其亮度大約是滿月的一半。

1936 年的那一次日食中，日冕尤其明亮，比滿月還亮，這樣的情形是很少見的。長長的略微朦朧的日冕光線達到太陽直徑的三倍或者三倍以上；整個日冕呈現出五角形狀，中心是黑色的月面（圖 54）。

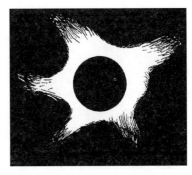

圖 54　日全食的時候，位於黑色月面周圍的日冕

有關日冕的性質現在還沒有完全了解。天文學家在日全食的時候拍攝日冕照片，測量它的亮度，研究它的光譜。這些都有利於研究它的物理構造。

第三項任務就是核對廣義相對論的推論之一是否正確。按照相對論，星光經過太陽附近的時候都要受到太陽強大的引力而發生偏折，並且太陽附近的星星看上去都會發生位置的變化（圖 55）。只有在日全食的時候才可以論證這個推論是否正確。

嚴格來講，1919 年、1922 年、1926 年和 1936 年日食期間測量的資料，並沒能給我們決定性的結果，所以相對論的這條推論至今仍舊沒有得到最終的論證[6]。

以上三點，即是天文學家們離開自己的天文臺而跑到極為遙遠，甚至極不友好的地方去觀察日食的主要原因。

關於日全食景象本身，我們的文藝作品中有過極精彩的描述。在柯羅連柯的《日食》一書中，對 1887 年 8 月的日全食進行了生動的描寫，這是他在伏爾加河岸遊歷耶韋茨城所

6　星光偏折本身已經證實了，但在量的方面還不能跟相對論完全符合。米哈伊洛夫教授的觀測結果表明，這一理論在跟這一現象的有關方面應作必要的修正。

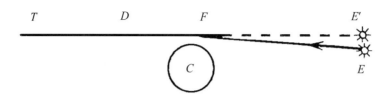

圖55　相對論的推論之一。光線在太陽的強大引力下會發生偏折。按照相對論，站在地球
　　　上 T 點的人沿著 TDFE′ 這條直線，看見星在 E′ 處，可實際上，它應當位於 E 處，光
　　　線沿著 EFDT 投射到地球上。當太陽不處於 C 的時候，星光是沿直線 ET 射向地球的

見到的。以下為書中內容（略有刪節）：

「太陽沉入了一片寬闊的朦朧的斑狀雲裡，當它再次出現的時候已經虧損很多了……

現在已經能用肉眼觀看了，空中飄浮的輕霧把耀眼的光芒變成了柔和的光。

一片安靜。某處似乎可以聽見神經質的、沉重的呼吸……

過了半小時，天色幾乎和平常一樣。雲彩時而遮住那個懸在高空的彎彎的太陽，時而又

離開了。

青年人既高興又驚奇。

老頭子們歎息著，老夫人們歇斯底里地歎息著，有人甚至尖叫和呻吟，像是患了牙疼。

天色明顯地開始黯淡起來。人們的臉上出現了惶恐的神色，地上的人影黯淡不清。向下

游駛去的船隻輪廓變得模糊起來，失去往日的倩影。光亮顯然在減少，但是這裡既沒有黃昏

時的濃蔭，也沒有在低層大氣裡的迴光返照，所以這很像是一個不同尋常的怪異的黃昏。景

色變得相當模糊，綠草沒有了綠色，山巒似乎失去了重量。

當彎彎的太陽還有一線存在的時候，天地間仍是一個變得很暗的白晝。我覺得關於日食時天色黑暗的故事是誇大其詞。我想：難道這一彎還在發光的太陽，這猶如在寬廣的世界裡被人忽視的小蠟燭，真的有那麼重要的意義嗎？難道這一絲光線逝去之後，黑夜就會來臨嗎？

但這點微光熄滅了。它滅得如此突兀，好像是一個火花從黑暗的爐口跳了出去一般，跳開的時候伴隨著黃金色的火星閃了一下。隨著它的熄滅，黑夜就傾瀉而下，籠罩了整個大地。我看見，一瞬間黑夜就來臨了。這黑色的陰影猶如一張巨大的床單，出現在南方，很快沿著山巒、河流、田野飛馳而去，移過了整個天空，把我們包圍住，眨眼間又把北方也包圍住了。我站在河邊的沙灘上，回頭看背後的人群，他們也都一聲不響。……人群會聚成一片巨大的黑影。

這並不是一個尋常的夜晚。夜色如此之亮，人的眼睛會不由自主地尋找那透過尋常夜間的黑影的銀白色的月光。但是任何地方都看不見月光，也沒有黑影。好像有些極其細微的、肉眼分辨不出的粉末從上空散落到地上來，又似乎有一張極其稀薄的網懸掛在空中。而在那側面上方，空中遠遠的似乎有什麼東西在發光，光亮照到我們這一片黑暗的陰影之上，使陰影的黑暗減輕了一些。在這一切迷人的景色之上，烏雲在奔馳。烏雲裡似乎還在進行著猛烈的鬥爭。……圓形的、黑色的、似乎懷有敵意的像是蜘蛛的東西，抓住了耀眼的太陽，一同在高高的雲際奔跑。從黑暗的幕後流溢出來某種變幻的光彩，使這些景色看上去像是活的，而雲彩像是在驚惶無聲地奔跑，這使景色變得更加變幻莫測。」

現代天文學家們對月食並不像對日食那樣具有特別的興趣。我們的祖先曾從月食中找

到了地球是球形的證據。這種證據在麥哲倫環球航行中所起的作用是值得一提的。在一望無際的太平洋上疲憊地航行了很久之後，水手們絕望了。他們認為自己毫無退路地離開了大陸，走進了無邊無際的大洋。唯有麥哲倫沒有喪失勇氣。這位偉大的航海家的一位同伴說：「教會雖然根據《聖經》告訴我們，地球是一片廣闊的平原，四周包圍著海水，但我依然信心堅定地認為：月食的時候，地球拋出的陰影是圓的。既然影子是圓的，那麼拋出這個圓形的物體就應當是圓的。」在古代的天文學書中，我們可以找到有關月面陰影是由地球形狀決定的圖畫（圖 56）。

今天我們已經不需要類似的證據了。但是月食卻使我們能夠按照月球的亮度和顏色去判斷地球大氣上層的構造。大家都知道，月球並不是完全消失在地球的陰影裡，由於偏折到錐形陰影以內的太陽光的作用，我們依然能夠看到它。這時候月亮的亮度和顏色引起了天文學家的極大興趣。研究結果表明，它們竟和日中黑子的數目有關係。此外，月食的現象近來又被利用來測量月面在失去太陽照射的熱力時冷卻的速度（關於這一點以後還會談到）。

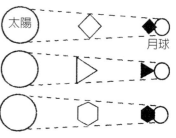

圖 56　一幅古代的圖畫表示，可以從月面上地球陰影的形狀推測出地球的形狀

𝒞ℬ 2.12　為什麼日月食每隔18年出現一次？

古代巴比倫人觀察天象之後指出，日月食每隔 18 年 10 天出現一次，這種週期叫做沙羅週期。古代人就根據這種週期來預測日月食出現的日期，然而他們並不懂得為什麼會有

這樣的週期，為什麼沙羅週期是 18 年又 10 天。人們在仔細研究了月球的運動之後才發現了這種週期的原因，不過這已經是距離古代很久遠的事情了。

月球繞軌道運行宇宙的時間是多少呢？這個問題的答案取決於我們將月球圍繞地球旋轉一周的終點定為何時。天文學家們認為「月」有五種，我們現在感興趣的是其中兩種。

1. 所謂的朔望月。在這期間，如果從太陽上來看的話，月亮繞地球轉了整整一周。這是連續兩次出現相同月面位相相隔的時間，大約是從這一次朔月到下一次朔月。這個數值等於 29.5306 晝夜。

2. 所謂的交點月。在這期間，月球從它的軌道的「交點」開始繞地球一周再回到這個交點（是指月球繞地球軌道跟地球繞太陽軌道的交點），這個數值等於 27.2123 晝夜。

很容易明白，日月食只在朔月或者望月剛好落在交點上的時候才會發生，因為這個時候月球的中心恰好和太陽中心位於同一條直線。顯然，倘若今天發生了日食，那麼它下一次出現的時期一定包含著整數個數的朔望月和整數個數的交點月，只有在這個時候才會重複出現同樣日食的條件。

那麼，如何來確定這個時期的長短呢？為此需要解下面這樣一個方程式：

$$29.5306x = 27.2123y$$

這裡的 x 和 y 都是整數，把這個方程式改成比例式：

$$\frac{x}{y} = \frac{272123}{295306}$$

這兩個數沒有公約數，因此最小的準確答案就應當是：

$$x = 272123，y = 295036$$

這樣算出來的時間是幾萬年，這樣的資料是沒有實際意義的。古代天文學家利用的是近似值。在此情況下求近似值的最簡便方法就是用帶分數。把上面這個分數轉化成帶分數：

$$\frac{295306}{272123} = 1\frac{23183}{272123}$$

在剩下的分數中用分子分別除它的分子和分母

$$\frac{295306}{272123} = 1 + \frac{23183 \div 23183}{272123 \div 23183} = 1 + \cfrac{1}{11 + \cfrac{17110}{23183}}$$

然後再用分數 $\frac{17110}{23183}$ 中的分子來分別除它的分子和分母，這樣以此類推，可以得到下面的式子：

$$\frac{295306}{272123} = 1 + \cfrac{1}{11} + \cfrac{1}{1} + \cfrac{1}{2} + \cfrac{1}{1} + \cfrac{1}{4} + \cfrac{1}{2} + \cfrac{1}{9} + \cfrac{1}{1} + \cfrac{1}{25} + \cfrac{1}{2}$$

在這個分數式裡，我們捨去下面各節，只取前面幾節，就可以得到以下近似值：

$$\frac{12}{11} \cdot \frac{13}{12} \cdot \frac{38}{35} \cdot \frac{51}{47} \cdot \frac{242}{223} \cdot \frac{535}{493} \cdots\cdots$$

第五個近似值已經夠精確了。如果我們採用這一數值的話，那麼 $x = 223$，$y = 242$。由此可以看出，日月食重複的週期就等於 223 個朔望月，或者 242 個交點月。一共等於 6585

個晝夜，也就是 18 年又 11.3 或者 10.3 天[7]。

這就是沙羅週期的來源。明白了它的道理，我們就可以知道用它來推斷日月食的精確程度如何了。我們看到，如果將沙羅週期視作 18 年又 10 天，實際上是去掉了 0.3 天的。因此，如果依照這個週期來預測的話，實際上第二次出現日食的時間就要晚大約 8 小時。而如果使用三次沙羅週期推斷，日食就會出現在再晚一天的同一時間。此外，這個沙羅週期並沒有將月球到地球和地球到太陽的距離變化計算在內，而這些變化是有著自身的週期的。日食是否是全食，是受此影響的。因此，沙羅週期可以讓我們預測到下一次食會發生在哪一天；至於是否會出現全食、偏食抑或環食，是難以據此預測的；同樣也不能預言前一次看見食的地方能否再次看到食。

還會出現這樣的情況：一次很小的偏食在 18 年之後雖然再次發生了，但是卻已經小得幾乎為零，以至於我們完全觀察不到。同樣，有時候也會突然出現一次很小的日全食，而在 18 年前卻是無法觀察到的。

現在的天文家不再使用沙羅週期了。月球的運動已經被研究得很透徹，所以現在食的時間已經可以推算到秒了。如果所預測的食沒有出現，那麼現代天文學家就一定會去尋找其他方面的原因，而絕不會懷疑計算有誤。這一點在儒勒‧凡爾納的《毛皮國》中也有過極好的暗示。小說中提到一位到北極去觀察日食的天文學家，他按時到了目的地之後，卻沒有看見日食。那麼這個天文學家會做出什麼樣的結論呢？他對周圍的人說，他們所在的這塊冰原並非大陸，而是一塊漂浮的冰塊，已經被洋流帶到日食帶以外了。他的觀點很快

7　視這個時期裡有 4 個還是 5 個閏年而定。

就得到了證實。這就是科學的力量！

∽ *2.13* 可能嗎？

有些人告訴我們，他們在月食的時候，曾經親眼見過太陽出現在天空接近地平線處，而另一面卻是正在被食的月亮。

這一類現象曾在 1936 年出現過，那一年的 7 月 4 日出現了月偏食。曾有一位讀者寫信給我：「7 月 4 日 20 點 31 分的時候，月亮出來了。20 時 46 分太陽下山，月亮出來的時候發生了月食。可是月亮和太陽此時都在地平線以上。我對此十分驚奇，因為我知道光是沿直線傳播的。」

這種情況確實有些令人費解。雖然我們不能像捷克女郎那樣相信，真的經過一塊煙燻過的玻璃就能「看見一條把太陽的中心和月球的中心連接起來的線」。然而，在這個位置的時候，靠近地球畫這麼一條想像的線卻完全是可能的。如果地球沒有擋在太陽和月亮之間，會發生月食嗎？這些親自見過的人所說的話可信嗎？

實際上，這一類事情沒有什麼不可信的。太陽和正在被吞食的月亮同時出現在天空，是由於地球大氣發生折射的緣故。

大氣的折射作用，使得每一個天體在我們看來都比它們實際的位置要高（見圖 15）。當我們看見太陽和月亮接近地平線的時候，它們實際上位於地平線以下。因此，我們看見太陽和正在被吞食的月亮同時位於地平線以上，實際上並不是不可能的。

關於這一點，佛蘭瑪里翁說過：「一般都認為，1666 年、1668 年和 1750 年發生的幾

次日食時，這種奇怪的現象表現得尤其明顯。」其實用不著追溯到那麼久遠的年代。1877年 2 月 15 日，巴黎的月亮升起的時間是 5 點 29 分，太陽落下的時間是 5 點 29 分，可是在太陽落下之前，月全食已經開始了。1880 年 12 月 4 日，巴黎發生了月全食，那天月亮在 4 點鐘的時候升起，而太陽落下是在 4 點 2 分，這時正當月球進入到地球陰影的中央，因為那天的月食是 3 點 3 分開始、4 點 33 分復原的。如果說這種情況不十分常見，那只是觀察者太少的原因。如果想在太陽落下之前或者升起之後看見月全食，只需要位於地面上那些恰恰可以在地平線上看見月食的地方就行。

◌ 2.14　解答關於日月食的幾個問題

　　【題】1. 日食和月食可以持續多長時間？

　　　　　2. 一年之中可以發生多少次日月食？

　　　　　3. 是否有的年分沒有日食或者月食？

　　　　　4. 蘇聯境內最近可以看到的日全食會在什麼時候？

　　　　　5. 日食的時候，日面上黑色的月影是向哪一個方向運動的──向左還是向右？

　　　　　6. 月食是從哪一側開始的──左面還是右面？

　　　　　7. 日食的時候，為什麼樹葉影子的光點都是月牙形的（圖 57）？

　　　　　8. 日食時的月牙和普通蛾眉月的月牙形狀有什麼區別？

　　　　　9. 為什麼人們需要用一片被煙燻黑了的玻璃來觀察日食？

　　【解】1. 日全食最長可以持續 7.5 分鐘（在赤道地區；若在高緯度地區，則要短一些）；

圖 57　在日食尚未達到食盡階段時，樹葉影中的光點是月牙形的

整個食過程可以達到 4.5 小時（赤道地區）。整個月食可以持續 4 小時；全食的時間不會超過 1 小時 50 分鐘。

　　2. 一年中日食和月食的次數加在一起不會多於 7，也不會少於 2（1935 年共有 7 次：5 次日食，2 次月食）。

　　3. 沒有哪一年會沒有日食：一年中的日食不會少於 2 次；沒有月食的年頭是經常有的，大約每隔五年就有一年沒有月食。

　　4. 蘇聯境內可以見到的最近一次日全食[8] 會出現在 1961 年 2 月 15 日。日全食帶爲克里木、斯大林格勒和西伯利亞。

　　5. 在北半球，日面上的月影從右向左移動。所以月影和太陽的第一接觸點（初虧）總

8　書中此類預測皆是以作者成書時間來計算。——編者注

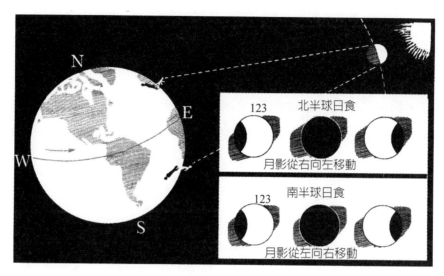

圖 58　日食時，日面上月影的移動。為什麼在北半球的觀察者看來是從右
　　　向左，而南半球的人看來卻是從左向右？

是在太陽的右側。在南半球，從左向右移動（圖 58）。

　　6. 在北半球，月球的左側首先進入地球的陰影，而在南半球則是右側首先進入地球陰影。

　　7. 樹葉影子中的光點呈現的是太陽的像。日食的時候，太陽變成了月牙形，因而它在樹影中的像當然也是月牙形了（圖 57）。

　　8. 蛾眉月的月牙形，凸出的一側是半圓形，向內凹陷的一側是半橢圓形。日食時太陽的月牙形兩邊都是同一半徑圓圈的兩道弧（見圖 32(a)）。

　　9. 即便太陽的一部分被月亮遮住了，依舊不能用肉眼直接去看它。日光會燒壞視網膜

上最敏感的部分，會使人的視力長期下降，甚至有時候永遠不會恢復。

18 世紀初的時候，諾夫哥羅德的一位編年體作家曾寫道：「諾夫哥羅德城有人由於日食永遠失去了視覺。」不過要避免這種慘禍也是很容易的，只需要準備一塊用煙燻黑的玻璃就可以了。燻玻璃應當用蠟燭的煙，厚度應當使我們透過玻璃看日面的時候恰恰能看見它的輪廓，而看不見它的光芒或者光暈。為了方便起見，還可以在玻璃燻黑了的一面蓋上另一塊乾淨的玻璃，並用紙將兩塊玻璃的邊裏在一起。我們是無法預測日食的時候太陽有多亮的，因而最好事先準備幾塊黑色的濃淡不同的燻玻璃。

如果把兩塊顏色不同的玻璃（最好是顏色互為補色的玻璃）疊在一起，也可以使用。普通的護目眼鏡是不適合的。最後，在觀察太陽的時候，還可以使用有著適當暗黑程度的照相底片。

❀ *2.15* 月球上有什麼樣的天氣？

嚴格來說，月球上是沒有我們所謂的通常意義上的天氣的。在一個完全沒有大氣、雲彩、水蒸氣、風雨的星球上，怎麼可能有天氣呢？唯一可稱之的天氣，就是月面土壤的溫度了。

那麼，月面土壤的溫度怎麼樣呢？科學家們現在已經擁有了一種儀器，不但可以測量遠處天體的溫度，還能測出天體上各個部分的溫度。這種儀器的構造根據的是熱電現象原理：用兩種不同的金屬焊接成一根導線，當兩個焊接點的一點比另一點熱的時候，就會有電流通過導線。電流的強度取決於兩個焊接點的溫度差異，所以從電流強度就可以得知導

線所吸收的熱量有多少了。

這種儀器的敏感度是驚人的。它雖然極小（起作用的部分不超過0.2毫米，重0.1毫克），但連十三等星所傳來的熱量都能夠測出來，使自己的溫度提高（千萬分之一攝氏度）。十三等星不借助望遠鏡是無法看見的。它們的光線是肉眼可見的最弱的星光的 $\frac{1}{600}$。要覺察到這麼小的熱量，就相當於是要在幾公里之外發覺一支蠟燭所發生的熱。

擁有了這種近乎神奇的測量儀器之後，天文學家就可以把它安裝在望遠鏡中月球成像的各個部分，這樣來測量它所接收到的熱量，然後根據此熱量計算月亮各部分的溫度（可以精確到10℃）。

測量結果如圖 59 所示：滿月的中心部分溫度高達 110℃；如果這部分有水的話，在普通氣壓下就會沸騰。一位天文學家寫道：「在月球上，我們不必用爐子做飯，因為附近的任何一塊岩石都可以代替爐子。」溫度從月球表面中心位置向各個方向以同樣的程度降低，即便在距離中心 2700 公里的地方，溫度仍不低於 80℃。在此之後，溫度加快降低，靠近月面邊緣的地方，溫度已經只剩 –50℃ 了。月球背著太陽的那一面很冷，那裡的溫度可以達到 –153℃。

前面已經提到過，當月亮進入地球陰影發生月食的時候，月面由於失去太陽光線的照射會很快冷卻。那麼，冷卻的速度有多快呢？我們已經知道，在某次月食的時候它的溫度從 +70℃降到了 –117℃。這就是說，在 1.5 ～ 2 小時的時間內，溫度降低了 200℃。另外，在日食的時候，地球在同樣的條件下溫度不過下降 2℃～ 3℃。這是因為地球大氣的緣故，大氣對太陽的可見光來講，是相對透明的，它能保持被曬熱了的地面所放射出的不可見的熱射線，不使其散失。

月球土壤積累的熱量消失得如此之快，使得月球的物質所具有的熱容量變得很小，傳熱性也不好。所以，月亮在被加熱的情況下，只能儲存很少的熱量。

圖 59　月面的溫度在中央部分達到 110℃，靠近邊緣開始迅速遞減，
　　　　邊緣已降低到 −50℃

第 3 章

行星

ଓ *3.1* 白晝時的行星

能不能在白晝時耀眼的日光下看見行星呢？透過望遠鏡那是沒有問題的。天文學家常常在白天的時候觀察行星，有時候只用中等大小的望遠鏡就可以了，雖然不及夜間看得清楚。透過目鏡為 10 公分的望遠鏡，白晝時不僅可以看見木星，還可以區分出木星上各具特色的雲狀帶。白天觀察水星更為方便，因為白晝的時候水星一般位於地平線之上，在太陽落下之後，它就會出現在很低的天空，因而透過望遠鏡所看見的水星就像是已經被地球大氣層嚴重歪曲了。

天氣條件合適的情況下，可以在白晝用肉眼看見幾個行星。

白晝最常見的最亮的行星是金星。阿拉戈[1]有一篇著名的關於拿破崙一世的故事，講述的是有一次他的儀仗隊經過巴黎街道時，街上的人正沉醉於觀看正午出現的金星，而忽略了這位君主，拿破崙一世為此十分懊惱。

在大都市的街頭白晝時可以看見金星的次數，比開闊的曠野多，因為高聳的建築物會遮住陽光，使人的眼睛不被直射的陽光照射而看不見東西。俄羅斯的編年史家們也記載過白晝看見金星的事例。比如，諾夫哥羅德的編年史中說到，1331 年的一天白晝時「天空顯聖蹟，明星出現於教堂之上」。這顆星（根據維亞托斯基和維爾耶夫的考證）就是金星。

白晝能最清楚地看見金星的日子八年重複一次。仔細注意天象的觀察者或許有機會在白晝不僅能用肉眼看見金星，還可以看見木星，甚至是水星。

1　弗朗索瓦‧阿拉戈（D.F.J. Arago），法國天文學家（1786 ～ 1853）。——譯者注

　　我們不妨再次談談行星的比較亮度。非專業人士之間有時候會產生這樣的疑問：哪一顆行星更亮，金星、木星，還是水星呢？如果它們同時發光，並排出現，就會產生這樣的問題，可當我們在不同時間分別看見它們時就很難判斷哪一個更亮了。現在我們依照亮度把五大行星進行排序：

　　金星、火星、木星：都比天狼星亮好幾倍。

　　水星、土星：比不上天狼星亮，但是比別的一等星都亮。

　　關於這一個問題，我們之後還要用數字來進行說明。

☪ 3.2　行星的符號

　　現代天文學家用來源極古老的符號來表示太陽、月球和行星（圖 60）。除了代表月亮的符號一目了然之外，其他的符號都需要加以闡釋。水星符號是神話中這顆星的保護神——商業之神墨丘利所拿的神杖。金星的符號是一面手鏡——女神維納斯所具有的愛和美的象徵。火星是由戰神瑪律斯保護的，所以火星的符號是矛和盾。木星的保護神是朱庇特，它的希臘名字是宙斯，所以木星的符號就是這個希臘名字（Zeus）第一個字母 Z 的草寫。根據佛蘭瑪理翁的說法，土星的符號是「時間的大鐮」（命運之神的傳統屬性）被歪曲了的畫像。

　　上面所述的各種符號從 9 世紀就開始使用了。當然，天王星符號的起源要晚得多，因為該星是 18 世紀才被發現的。它的符號是一個圓圈上有一個 H——應當是為紀念它的發現者赫歇爾（Herschel）。1846 年所發現的海王星的符號是神話中海神波塞多的三股叉。最後一個行星冥王星的符號是 P、L 兩個字母合成的，因為它的名字是地獄之神普魯托（Pluto）

的頭兩個字母。

此外還應當加上我們所居住的行星和太陽系的中心太陽的符號。太陽的符號出現得極早，古埃及人在幾千年前就開始使用了。

有些人也許開始對西方文學家使用上述符號來表示一個星期中的各個日期感到奇怪了：

星期日：太陽的符號

星期一：月亮的符號

星期二：火星的符號

星期三：水星的符號

星期四：木星的符號

星期五：金星的符號

星期六：土星的符號

如果把這些行星的名稱和一週之內各天的名稱的拉丁文或者法文排列在一起，便很容易明白其中的道理[2]。在法文裡，星期一叫 lindi，即月球日；星期二叫 mardi，即火星日，等等。我們在此就不再深究這跟語言學和文化史關聯較多的問題了。

古代的煉金術士將行星的符號用作各種金屬符號，例如：

月球	☾
水星	☿
金星	♀
火星	♂
木星	♃
土星	♄
天王星	♅
海王星	♆
冥王星	♇
太陽	☉
地球	♁

圖 60　太陽、月亮和行星的符號

2　在中國也有七曜的說法，星期日叫日曜，星期一叫月曜，星期二叫火曜，星期三叫水曜，星期四叫木曜，星期五叫金曜，星期六叫土曜。其實之所以叫星期也就是因為這個緣故。── 譯者注

太陽的符號：代表金

月球的符號：代表銀

水星的符號：代表水

金星的符號：代表銅

火星的符號：代表鐵

木星的符號：代表錫

土星的符號：代表鉛

　　煉金術士之所以把它們這樣關聯起來，是因為他們將每一種金屬都用來紀念古代神話中的某一位神。

　　最後，現代的植物學家和動物學家也在使用行星的符號。他們使用火星和金星的符號來表示雄性和雌性。植物學家使用太陽的符號來表示一年生植物；需要表示兩年生植物的時候，他們就把同一個符號略加改變（在圓圈上加上兩點）；表示多年生草的時候，用木星的符號；用土星的符號表示灌木和樹木。

3.3　畫不出來的東西

　　有好些東西在紙上是無法畫出來的，我們的太陽系的精確平面圖便屬於這一類事物。天文學書籍中的太陽系平面圖其實只是行星軌道圖，而不是太陽系的圖，因為如果不將比例尺做較大的改變，是無法在這種圖上畫出行星的。較之行星之間相隔的距離而言，行星本身是很小的，以至於我們都無法想像它們之間的比例關係。為了便於理解，我們把太陽

系畫成縮小了的圖畫。但是有一點是很明顯的，就是沒有一張圖能夠正確地把太陽系表示出來。我們所能做的，就是用圖來表示行星和太陽之間的相對大小（圖61）。

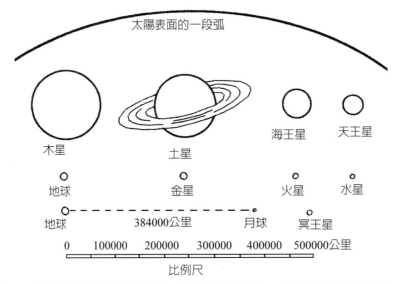

太陽表面的一段弧

木星　　　土星　　　　海王星　　天王星

地球　　　金星　　　　火星　　水星

地球　　　384000公里　　　月球　　冥王星

0　100000　200000　300000　400000　500000公里

比例尺

圖61　行星和太陽的相對大小。在這張比例圖中，太陽的直徑為 19 公分

我們用別針針頭大小來表示地球，它的直徑約為 1 毫米。精確地說，我們使用的是 1：15000000000 的比例尺，也就是大約將 15000 公里作為 1 毫米。這樣的話，我們得到的月球的直徑就應該是 $\frac{1}{4}$ 毫米，並且應當放在離開別針針頭 3 公分遠的地方。太陽的大小就如同一個網球或者棒球（10 公分），位於距離地球 10 公尺遠的地方。將一個網球放在一間大廳的一個角落，一個別針針頭放在另一個角落，這樣就大略可以表示出太陽和地球在宇宙中

的位置關係。由此可見，空無一物的空間確實比物體所占的地方要大得多。雖然在太陽和地球之間還有水星和金星兩個行星，但是它們跟這個大空間比較起來實在太微不足道了。

加上它們，也不過是在我們這間大廳裡添上兩顆沙礫，一顆（水星）的直徑是 $\frac{1}{3}$ 毫米，距離網球 4 公尺；另一顆（金星）的大小和別針相同，距離網球 7 公尺。

但是在地球的另一端還有一些小物質顆粒。在距離網球（太陽）16 公尺的地方是火星——直徑 $\frac{1}{2}$ 毫米的沙礫。地球和火星兩顆微粒每隔 15 年要彼此接近一次，此時它們之間的距離是 4 公尺，這是兩個世界之間最近的距離。火星有兩顆衛星，但是無法將它們在我們的這個模型中表示出來，因爲按照我們所使用的比例，它們只能有細菌般的大小！還有一些小行星，數目在 1500 以上，在火星和木星之間圍繞太陽旋轉，它們的大小也同樣是可以忽略不計的。這些小行星和太陽的平均距離是 28 公尺（在我們的模型圖中），它們中最大的有頭髮般大小（$\frac{1}{20}$ 毫米），最小的只有細菌大小。

在我們這個模型圖中，巨大的木星可以用一個榛子大小的球來表示（1 公分），它距離網球（太陽）的距離是 54 公尺。在距離它 3、4、7 和 12 公分的地方，分別有 11 個衛星中的 4 個圍繞它旋轉。這 4 個大衛星的大小爲 $\frac{1}{2}$ 毫米左右，其餘幾個小的只能用細菌來表示了。距離它最遠的那個衛星，應當位於榛子（木星）大約 2 公尺的地方。所以整個木星系統在我們的模型裡的直徑是 4 公尺。和直徑只有 6 公分的「地球—月球」系統比較而言，它的確要大出很多，但是和我們模型裡直徑爲 104 公尺的木星軌道比較起來，它確實又是很小的了。

現在可以清楚地看到，是不可能把整個太陽系畫在一張圖上的。我們應當把土星放在距離網球（太陽）100 公尺的地方，用直徑爲 8 毫米的一顆小榛子來表示。土星上的光環，寬爲 4 毫米、厚 $\frac{1}{250}$ 毫米，應當在距離小榛子表面 1 毫米的地方。9 個衛星散落在這顆行星附近 $\frac{1}{2}$ 公尺範圍之內，直徑都小於 $\frac{1}{10}$ 毫米。

越接近太陽系邊緣的地方，行星之間的空間距離越大。天王星在我們這個模型中距離太陽 196 公尺：這是一顆直徑爲 3 毫米的綠豆，它有 5 顆微塵般大小的衛星，分布在以綠豆爲中心 4 公分的範圍內。

在距離中心的網球 300 公尺遠的地方，還有一個綠豆大小的行星，慢慢地沿著自己的軌道前進，這就是不久之前還被人們當做太陽系最周邊的一個行星 —— 海王星。它的兩個衛星（特里屯和海王衛二）分別距離它 3 公分和 70 公分。

在更遠的地方，還有一個不大的行星在旋轉 —— 冥王星，在我們的模型中它距離網球 400 公尺，直徑大約是地球的一半。

但我們還不能將冥王星的軌道視作太陽系的邊緣。除了行星，還有很多彗星屬於這個系統，其中有很多也是圍繞太陽運轉的。這些「毛髮狀的星星」中有一些要 800 年才繞行太陽一周。西元前 372 年、西元 1106 年、1668 年、1680 年、1843 年、1880 年、1882 年（兩顆彗星）和 1887 年出現的彗星，都有這樣長的運轉週期。在我們的模型中，它們的每一個軌道都應當是一個很長的橢圓。橢圓的最近一端距離太陽只有 12 毫米；最遠的一端距離太陽 1700 公尺，比冥王星遠 4 倍。如果按照這些彗星的軌道來計算太陽系的大小，我們的模型的直徑就必須放大爲 3.5 公里，占地面積爲 9 平方公里。不要忘了，地球的大小，只有一

個別針針頭那麼大！在這 9 平方公里的範圍內有以下東西：

1 個網球

2 顆小榛子

2 顆綠豆

2 個別針針頭

3 顆更小的微粒

彗星的數量雖然多，但是所含的物質可以不計，因為它們的質量實在太小了，甚至可以稱為「可見的烏有之物」。

所以，我們的太陽系是不可能依照正確的比例在一張圖上畫出來的。

☾ 3.4　水星上為何沒有大氣？

行星上有沒有大氣與行星自轉一周所需的時間之間有什麼樣的關聯呢？乍一看二者之間沒有任何關聯，但是如果我們以距離太陽最近的行星──水星為例來分析，就可以知道，在某些情況下是有的。

就水星表面的重力來看，它是可以有大氣的，並且成分和地球大氣的成分差不多，只不過沒有那麼大的密度而已。

完全克服水星表面的重力所需的速度是 4900 公尺／秒，而地球大氣中最快的分子在不

高的溫度條件下都無法達到這種溫度[3]。然而，水星上依舊沒有大氣。原因在於，水星繞太陽的運動就同月球繞地球的旋轉一樣，它總是以同一面朝向中心的星體。水星繞太陽一周的時間（88 天），正好是它自轉一周的時間。因此，在水星總是朝向太陽的一面，永遠都是白天和夏天；而背向太陽的一面，永遠都是黑夜和冬天。很容易想像，水星白晝的一面一定是炎炎夏日，因為水星和太陽的距離只有地球距離太陽的 $\frac{2}{5}$ 遠，太陽光線的熱力應該是地球上的 2.5×2.5，也就是 6.25 倍。相反，在長夜的一面一定是嚴寒，因為幾百萬年都沒有見過一絲陽光，而且朝向太陽的一面的熱量又無法透過厚厚的水星星體傳遞過去，其溫度跟寒冷的宇宙空間的溫度[4]（約 –264℃）接近。至於晝夜交接的地方，有一條寬約 23°的區域，但由於水星的天平動，也只在一段時間內可以看見太陽。

在如此不尋常的氣候條件下，水星上的大氣會是什麼樣的呢？顯然，在籠罩著長夜的一面，由於無比寒冷，大氣一定會先凝結成液體，再凝結為固體。這樣的話，這裡的大氣壓力顯然會較低。如此一來，白晝一面的大氣層就會膨脹，來到長夜這一面，又在嚴寒下變成固體。所以，水星上的全部大氣最後都會以固體的形態聚集在長夜的一面。確切地說，大氣都會集中在太陽永遠照射不到的一面。所以，水星上是沒有大氣的，這是物理規律的必然結果。

同樣的道理，月球不可見的一面有大氣的說法也是不成立的。我們可以斷定，既然月

3　參看 2.7 節「月球上為什麼沒有大氣？」

4　「宇宙空間的溫度」，物理學家指的是一支日光完全照射不到的塗黑了的溫度計在宇宙空間所指示的溫度。這個溫度比絕對零度（–273℃）略高，那是因為星體的輻射線也會發熱的緣故。

球的一面沒有空氣，那麼它的另一面也不會有 [5]。由此，我們就可以把威爾斯所寫的長篇小說《月亮裡第一批人》純粹當做幻想了。他在小說中寫道，月球上是有空氣的。這空氣在連續 14 天的長夜裡先凝結成液體，再凝結成固體，並在白晝到來的時候變成氣體，成為大氣。實際上類似的事情絕對不可能發生。關於這一點，霍爾遜教授這樣說過：「如果在月球黑暗的一面的空氣凝固了，那麼幾乎全部的空氣都會從明亮的一面跑到黑暗的一面去，然後也凝固起來。在日光的影響下，固體空氣當然會變成氣體，但是這樣的空氣很快又會來到黑暗的一面並凝固起來。這裡的空氣應當是在經歷著不斷的蒸餾作用。所以，月球上的空氣不論什麼時候、不論什麼地方，都不會有多少值得注意的彈性的。」

　　如果說水星和月球上沒有空氣已經得到論證，那麼對太陽系中第二接近太陽的金星而言，有大氣是完全毫無疑問的。

　　已經確定的是，在金星的大氣層中，準確地說是在金星的平流層裡，含有大量的二氧化碳——相當於地球大氣中含量的一萬倍。

ᘓ 3.5　金星的位相

　　著名的數學家高斯說，有一次他請自己的母親用望遠鏡觀察黃昏的天空中耀眼的金星。這位數學家是想給母親一個驚喜，讓她看看月牙形的金星。然而，最後覺得奇怪的反倒是他

5　關於天平動，參閱 2.5 節「月亮看得見的一面和看不見的一面」。在月球的情形所求得的近似法則，對於水星的經天平動同樣適用：水星的那一面並不是始終朝向太陽，而是朝向它相當扁長的軌道的另一焦點。

自己，因為這位老太太把眼睛湊近望遠鏡之後並沒有對金星的形狀感到驚訝，而是詢問為什麼月牙是朝向相反的方向？高斯絕沒有想到，他的母親竟可以用肉眼區分出金星的位相。這樣的好眼力並不常見。在望遠鏡發明之前，誰也沒有想到金星和月球一樣有位相。

金星位相的特點在於，它在不同的位相裡有不同的直徑：月牙形的直徑比滿輪的時候大很多（圖 62）。原因在於這顆行星與我們的距離是隨著它的位相一起變化的。金星與太陽的平均距離是 10800 萬公里，地球與太陽的平均距離是 15000 萬公里。很容易明白，金星和地球之間最近的距離為 15000 萬 – 10800 萬公里，也就是 4200 萬公里；而最遠的距離等於 15000 萬 + 10800 萬，也就是 25800 萬公里。因此，金星距離我們的遠近就在這個範圍內波動。

金星距離地球最近的時候，朝向我們的是沒有被照亮的一面，這時它的直徑最大，但我們是看不見的。離開這個「朔金星」的位置之後，我們所見到的金星就漸漸變成了月牙形，月牙形越寬，它的直徑越小。金星最亮的時候，並不是在它滿輪的時候，也不是在直徑最大的時候，而是在某一個中間位相。我們看見金星滿輪的時候，直徑視角是 10″；當我們看見它最大的月牙形的時候，直徑視角是 64″。金星最大的亮度，是從「朔金星」算起第 30 天，這個時候它的直徑視角是 40″，月牙形寬度的視角是 10″。此時它的亮度相當於天狼星亮度的 13 倍，成為整個天空最亮的星星。

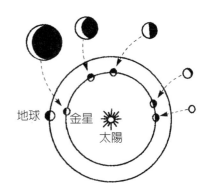

圖 62　望遠鏡中所見金星的位相

♋ 3.6 大沖

很多人都知道，火星最亮和距離地球最近的時期，每 15 年重複一次。天文學上把這個時間叫做火星的大沖。最近出現大沖的年分是 1924 年和 1939 年（圖 63）。但是很少有人知道，爲什麼大沖每隔 15 年出現一次。其實，關於這一點的數學道理並不複雜。

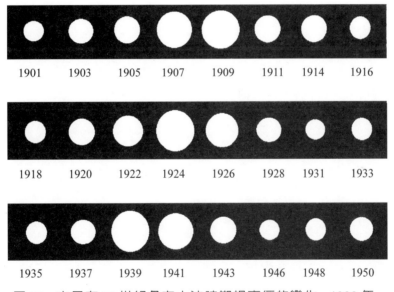

| 1901 | 1903 | 1905 | 1907 | 1909 | 1911 | 1914 | 1916 |

| 1918 | 1920 | 1922 | 1924 | 1926 | 1928 | 1931 | 1933 |

| 1935 | 1937 | 1939 | 1941 | 1943 | 1946 | 1948 | 1950 |

圖 63　火星在 20 世紀各次大沖時期視直徑的變化。1909 年、
　　　　1924 年和 1939 年出現的是大沖

地球公轉一周的時間是 $365\frac{1}{4}$ 晝夜，火星是 687 晝夜。假如某一天這兩顆星相距最近，

那麼它們再次相隔最近所需要的時間，一定要包括整數年數的地球年和火星年。

換句話說，要求出下列方程式的整數解：

$$365\frac{1}{4}x = 687y$$

或

$$x = 1.88y$$

得出

$$\frac{x}{y} = 1.88 = \frac{47}{25}$$

把這個分數化成連分數，可以得到

$$\frac{47}{25} = 1 + \frac{1}{1} + \frac{1}{7} + \frac{1}{3}$$

如果取前三項，可以得到

$$1 + \frac{1}{1} + \frac{1}{7} = \frac{15}{8}$$

我們可以得出，15 個地球年相當於 8 個火星年。也就是說，火星最接近地球的時期，每隔 15 個地球年重複一次（我們把這個問題稍微簡化了，兩種年數之比取 1.88 而沒有取更為精確的 1.8809）。

同理，我們也可以求出木星和地球相距最近的時期每隔多少年重複一次。木星的一年大約為 11.86 個地球年（更確切地說是 11.862）。把這個分數化成連分數，可以得到

$$11.86 = 11\frac{43}{50} = 11 + \frac{1}{1} + \frac{1}{6} + \frac{1}{7}$$

前面三項的近似值是 $\frac{83}{7}$。也就是說，木星的大沖，每隔 83 個地球年（7 個木星年）重複一次。每到這個時候，木星的視亮度也最大。最近的一次木星大沖出現在 1927 年末，下一次應當是 2010 年。木星和地球之間的距離在 2010 年是 58700 萬公里，這就是太陽系中最大的行星和地球的最近的距離。

☙ 3.7　行星抑或小型的太陽？

對太陽系中最大的行星 —— 木星可以提這樣的問題。這顆行星可以分成 1300 個地球大小的球，它有極大的引力，迫使成群的衛星圍繞它旋轉。天文學家發現木星有 11 個衛星，其中最大的四個在幾百年前就被伽利略發現了，並用羅馬數字Ⅰ、Ⅱ、Ⅲ、Ⅳ來表示。Ⅲ、Ⅳ表示的這兩個衛星並不比真正的行星 —— 水星小。我們列出這兩個衛星和水星以及火星的直徑大小，並給出木星的其他兩個衛星和月球的直徑：

火星：直徑 6788 公里

木星的衛星Ⅳ：直徑 5180 公里

木星的衛星Ⅲ：直徑 5150 公里

水星：直徑 4850 公里

木星的衛星Ⅰ：直徑 3700 公里

月亮：直徑 3480 公里

木星的衛星 II：直徑 3220 公里

　圖 64 是上述資料的圖解。大圓代表木星；順著它的直徑並列著的每一個小圓代表一個地球；右邊是月球。木星左邊的圓是它的四個衛星。月球的右邊是火星和水星。

　看這張圖的時候，我們應當注意的是，在我們面前的不是立體圖而是平面圖，各個圓的面積之比並不是它們的體積之比。球的體積跟它們的直徑的立方是正比關係。如果木星的直徑是地球的 11 倍，那麼它的體積就應該是地球的 1300 倍。知道了這一點之後，我們才能糾正從圖 64 中所得到的錯覺，看出木星的真正大小。

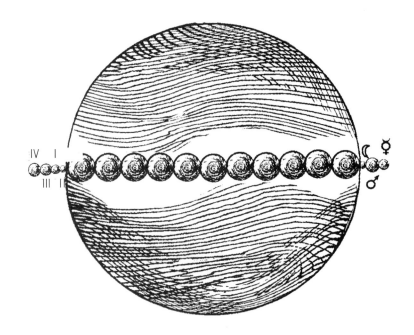

圖64　木星和它的衛星（左邊）跟地球（沿直徑）、月球、火星、
　　　水星（右邊）大小的比較

　　至於作爲引力中心的木星，它所具有的強大力量，可以從木星和它的衛星之間的距離看出來。下表就是這種距離：

距離	公里數	比值
從地球到月球	380000	1
從木星到衛星III	1070000	3
從木星到衛星IV	1900000	5
從木星到衛星IX	24000000	63

　　我們可以看出，木星系統的大小是地球—月球系統的 63 倍，其他行星沒有如此分布廣泛的衛星系統。

　　因此，將木星比作小型的太陽並非毫無根據。它的質量等於所有別的行星加在一起的兩倍，如果太陽消失的話，木星正好可以代替它的位置，也就是由木星來做中心天體，強迫別的行星圍繞它轉，雖然速度會慢一些。

　　木星和太陽的物理構造也有相似的地方。木星上物質的平均密度，是水的 1.3 倍——這和太陽的密度（1.4）相近。然而，木星的形狀十分扁平，這一點使科學家認爲木星有一個密度極大的核心，核心之外有一層很厚的冰層和大氣層。

　　不久之前，木星和太陽之間的相似性的觀點有了進一步的發展。有科學家認爲，這個行星沒有固體外殼，並且距離自己發光體的階段並不久。這種看法現在已經被否認了，因爲經過對木星溫度的直接測量得知，它的溫度相當低，是 –140℃！不過，這是對那些飄浮在木星大氣上的雲層而言的。

木星的低溫使我們很難講清楚它的物理特徵，比如說大氣中的風暴現象、雲狀帶、紅斑等。天文學家們還面臨著重重謎團。

不久前在木星上（以及和它相鄰的土星上）發現了的確有大量氮氣和沼氣存在的證據[6]。

∽ *3.8* 土星環的消失

1921 年的時候流傳著一則謠言：土星環消失了！土星環的碎片要飛向太陽，在路上將會和地球相撞！甚至連這個災難的日期都說到了⋯⋯

這個故事可以當做謠言是如何產生的典型例子。這則聳人聽聞的謠言產生的原因是，那一年有一段很短的時間內我們看不見土星上的環，依照天文曆的說法是「消失」了。謠言將這兩個字理解為嚴格意義上的物理性消失，也就是說土星的環真的要破碎而消失了。於是，謠言便添油加醋，將其說成是宇宙的災難，並且環的碎片要落向太陽，不可避免地和地球相撞。

天文曆上這麼一則簡單的消息，竟然會引起如此大的波瀾！那麼到底是什麼原因導致土星的環突然看不見了呢？土星的環本來是很薄的，厚度只有二、三十公里，和它的寬度比較起來，簡直就如同一張紙那麼薄。所以，當環的側面朝向太陽，上下兩面照不到太陽

---

6 在更遠的行星例如天王星，尤其是海王星上面，大氣中沼氣的含量還要更多。1944 年，又發現土星的最大衛星泰坦上也有由沼氣組成的大氣。──編者注

光的時候，我們就看不到環了。當環的側面正對著地球的時候，我們也看不見環。

　　土星的環和地球軌道平面呈 27° 傾斜角，而土星在繞太陽轉一周的 29 年中，在它處於其軌道的某條直徑上的兩個遙遙相對的端點時，那環的側邊就既朝向太陽，又正對著地球（圖 65）。在與前者呈 90° 的另外兩點上，環就把最寬的一面向著太陽和地球，這時候天文學家便說環「展露」了。

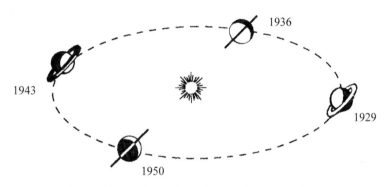

圖 65　土星圍繞太陽轉一周的 29 年裡土星的環和太陽的相對位置

∞ 3.9　天文學上的字謎

　　土星光環的消失，讓伽利略十分困惑。他當時已經看見了這個環，但是由於不懂環為什麼會消失，所以沒有完成這個發現。這是個極其有趣的故事。但那時有一種習慣，如果某人憑藉自己獨創的方法有了某種發現，他一定要設法為自己的發現保留優先權。因此一旦有

了某項發現，而這項發現還需要進一步論證的時候，科學家爲了不讓別人搶先發表，都會採用一種字謎來發表自己的發現。所謂的字謎就是把自己的發現編成一句簡潔的話，然後把這句話裡的字母順序打亂。這種辦法使得科學家可以爭取時間來對自己的發現進行證實。一旦有其他人宣布了這種發現，他就可以提出自己早已發表的那句字謎能夠證明自己的發現在先。當他證實了自己的推測是絕對正確的時候，他就可以將以前所發表的字謎自行解密。

伽利略透過自製的並不完善的望遠鏡觀察到，土星周圍似乎有某些附屬物，於是他發表了這樣一串字母：

Smaismermilmepoetalevmibuneunagttaviras

別人根本不可能猜出這串字母所包含的意思。當然也可以嘗試著將這 39 個字母進行重新排序，這樣就可以發現伽利略這句話的意思，但懂排列理論的人都知道，這 39 個字母所有可能的排列方式的數量可以用以下算式求出：

$$\frac{39}{3!5!5!4!5!2!2!3!2!2!2!}$$

這個算式等於：$\dfrac{39!}{2^{19} \times 3^6 \times 5^3}$

這個數目大約有 36 位數（把一年的時間轉換成以秒計算，也不過才 8 位數）。現在可以看出，伽利略把自己的秘密保存得多麼嚴密！

和伽利略同時代的義大利科學家克卜勒，極具耐心地花費了相當的功夫去研究伽利略這個字謎。最後得出的結論是將伽利略發表的字母刪去 3 個，拼成了這樣一句拉丁文：

Salve, umbestineum geminata Martia proles.

（向您致敬，孿生子，火星的產生。）

　　克卜勒認為，伽利略發現了火星的兩個衛星。他自己也曾認為存在這兩個衛星[7]（火星的衛星的確是 2 個，但是那已經是 250 年之後才被確認的事情）。然而克卜勒這次的聰明並沒有得逞。當伽利略公布了這個字謎的秘密之後，世人才明白，略去其中的兩個字母，就會得到這樣一句話：

Altissimam planetam tergeminum observavi.

（我曾看見最高行星有三個。）

　　原來，由於自製望遠鏡所存在的缺點，伽利略只看見土星兩邊好像各有一個附屬的東西，加上土星一共三個，但卻不知道附屬物為何物。幾年之後，土星側面的附屬物完全消失，伽利略就斷定自己當時看錯了，於是認為土星周圍其實沒有什麼附屬物存在。

　　半個世紀之後，土星的光環由惠更斯發現了。跟伽利略一樣，他並沒有馬上發表自己的發現，而是用這樣一行字來表示自己的推斷：

Aaaaaaacccccdeeeeeghiiiiiiilllmmnnnnnnnnn

oooooppqrrstttttuuuuu

過了三年，他相信自己的推測是正確的，於是才揭開了這個字謎的謎底：

Annulo cingitur,tenui,plano,nusquam cohaerente,ad eclipticam inclinato

（有一條薄而平的環環繞著，它不跟任何東西相接觸，跟黃道斜交。）

7　顯然，克卜勒在這裡所依據的是關於行星的衛星個數成級數的假設：已經知道地球有一個衛星，木星有 4 個衛星，他便認為地球和木星之間的火星一定有 2 個衛星。同樣的想法也使以前許多人認定火星的衛星個數是 2。但這個有趣的推測，在 1877 年豪爾利用強大的望遠鏡發現了火星的衛星確實是 2 個的時候，才完全得到了證實。

Ꮔ 3.10　比海王星更遠的一顆行星

在以前的書中我曾寫道，我們所知的太陽系中最遠的一顆行星是海王星，它和太陽的距離是地球離太陽的 30 倍。現在我不能再這麼說了，因為 1930 年，我們的太陽系又多了一個新成員，就是在比海王星更遠的地方圍繞太陽運轉的冥王星。

這項發現並不完全出人意料。天文學家早就傾向於認為，比海王星更遠的地方存在著不知名的星。一百多年前，有一些人認為太陽系最遠處的行星是天王星。英國數學家亞當斯和法國天文學家勒威耶使用數學方法完成了一項偉大的發現 —— 還有一顆比天王星更遠的行星。這個由筆端演算出的行星，後來被人發現，並可以用肉眼觀測到。海王星就是這樣被發現的。

不過，海王星的存在並不能完全解釋天王星的不規則運動。這時就有人提出可能還存在比海王星更遠的一顆星的設想。於是數學家們就開始解決這道難題，想找出這顆星。他們提出了很多不同的解決方案：太陽系的這顆星和太陽的距離有不同的說法，它的重量也有多種猜測。

1930 年（確切說是 1929 年底），我們的望遠鏡終於透過太陽系模糊的邊際捕捉到了太陽系家族的新成員，也就是後來命名的冥王星。這是由年輕的天文學家湯姆波發現的。

冥王星沿著之前已經提到的一條軌道附近的路徑運動。但是一些專家認為，這並不能算是數學家的成功。軌道的重合不過是一種有趣的意外事件罷了。

我們對這個新發現的世界知之多少呢？目前知道的還不多。它距離我們如此遙遠，太陽幾乎照耀不到它，因此即便使用最強大的工具都很難測量出它的直徑。它的直徑大約是

5900 公里，或者說是地球直徑的 0.47。

冥王星沿著一條極其狹窄的軌道（偏心率是 0.25）圍繞太陽運轉。這條軌道相對地球軌道的傾斜度是 17°，和太陽的距離是地球到太陽距離的 40 倍。冥王星繞太陽一周需要耗費 250 年。

太陽在冥王星上空的亮度比在地球上空弱 1600 倍。它看起來如同一個有 45 秒角度的微小圓盤，這和我們所看見的木星差不多大小。然而，有個問題十分有趣：是冥王星上空的太陽明亮，還是地球上空的滿月更明亮呢？

實際上，遙遠的冥王星並不像我們想像的那般黯淡無光。地球上的滿月比太陽的亮度弱 440000 倍。冥王星上空的太陽比地球上空的太陽弱 1600 倍。這就是說，冥王星上空的太陽的亮度是地球上空的滿月亮度的 275 倍（440000÷1600）。如果冥王星的天空也像地球的天空一樣明澈的話，那麼太陽在它上空的亮度就相當於 275 個月亮，比聖彼德堡最明亮的夜晚還要亮 30 倍。因此，把冥王星叫做黑暗的王國是不正確的。

○○ 3.11　小行星

我們所討論的太陽系的八大行星並不能窮盡行星的全部。它們不過是其中比較大的幾顆罷了。除此之外，還有很多小行星圍繞著太陽運轉。這些行星被叫做「小行星」。這些小行星中最大的一顆叫做穀神星，直徑為 770 公里，體積比月球還小。它和月球的體積之比，大約和月球跟地球的體積之比相等。

這顆最大的小行星是在 19 世紀的第一個晚上（1801 年 1 月 1 日）發現的。19 世紀所

發現的小行星有 400 多個，所有這些小行星都在火星和木星的軌道之間圍繞著太陽運轉。不久以前，大家認為小行星的軌道都在這兩個行星的軌道間寬闊的間隔以內。

20 世紀以後，小行星的範圍擴大起來。19 世紀末（1898 年）所發現的愛神星已經突破了這個範圍，因為它的軌道有很大一部分在火星軌道和木星軌道以內。1920 年，天文學家又發現了小行星希達爾哥，它的軌道跟木星的軌道相交之後還延伸到距離土星軌道不遠的地方。這個小行星還有一點比較特別：在當時所有已知的行星中，它的橢圓形軌道最扁（偏心率為 0.66），並且跟地球軌道所成的傾斜角最大，有 43°。

還需要順帶指出，它的名字叫希達爾哥，是為了紀念墨西哥革命戰爭中為祖國獨立而於 1811 年犧牲的英雄希達爾哥和卡斯迪利亞。

1936 年發現了另一個偏心率為 0.78 的小行星，至此小行星的範圍就更加擴大了。這顆小行星叫做阿多尼斯。這顆新發現的行星的特點在於：它的軌道的最遠一頭距離太陽幾乎和木星距離太陽一樣遠，而最近的一端卻離水星的軌道不遠。

1949 年，發現了小行星伊卡魯斯，它擁有十分特別的軌道。其偏心率等於 0.83，距離太陽最遠的距離是地球軌道的 3 倍，最近距離差不多是太陽到地球距離的 $\frac{1}{5}$。已知的小行星中，沒有任何一顆距離太陽如此近。

小行星的登記法很有趣，這種方法不但可以用來登記小行星，還可以用於別的天文學事例。首先寫出小行星發現的年分，後面再用一個字母表示發現的日期是在第幾個半月（把一年分成 24 個半月，依次用 24 個字母表示）。

由於在一個月中有可能會發現好幾個小行星，那就在後面加上第二個字母，依照發現

先後用字母次序來加以區別。如果 24 個字母都用完了，那麼就再從頭開始，不過需要在這個字母的右下角用一個數字做記號。比如，1932EA1 所表示的就是在 1932 年 3 月上半月發現的第 25 顆行星。

　　眾多的小行星中，只有少部分才可以用天文儀器觀測到，其餘的還在人們的視野之外。據推算，太陽系中的小行星數目可以達到 4 萬～ 5 萬個。

　　小行星的大小極其不等。像穀神星或者智神星（直徑 490 公里）這種巨型小行星的數量極少。直徑 100 公里以上的小行星有 70 多個，而大多數已知的小行星，直徑都在 20 ～ 40 公里之間。還有很多極小的小行星，它們的直徑只有 2 ～ 3 公里（極小是天文學家的說法，我們應該知道這是相對而言）。小行星家族中的成員被發現的雖然只是少數，但是如果將已經發現的和尚未發現的質量加在一起，也只相當於地球質量的 $\frac{1}{1600}$。人們還認為，使用現代望遠鏡所能發現的小行星中，已經發現的不過是其中的 5%。

　　蘇聯最出色的小行星專家涅維明寫道：

　　「也許有人認為所有的小行星的物理性質都是極其相近的。但實際上，它們之間的差別極大。例如就反射太陽光的能力來說，頭四顆小行星就不同：穀神星與智神星的反射能力和地球上的黑色岩層一樣，婚神星卻和淺色岩石相同，而灶神星又有類似白雪的反射能力。大家也許會覺得這種現象和大氣的折射有關，但是小行星很小，是絕對留不住大氣的。所以說，它們不同的反光能力是由於表層的物質不同所致。」

有的小行星發出的光輝會有波動，這證明它們的形狀是不規則的，也證明它們在自轉。

❀ 3.12　我們的近鄰

　　前面提到的小行星阿多尼斯，它和別的小行星的區別不但在於它的軌道很大而且十分扁，跟彗星的軌道相似，還在於它離地球非常近。在人們發現阿多尼斯的那一年，它離地球有 150 萬公里。當然月球離我們更近一些，但是儘管月球比小行星還要大，就等級而言，它還是差了一級，因為月球不是獨立的行星，而只是行星的衛星。另一個叫做阿伯倫的小行星，也有資格列入離地球最近的行星之列。在發現這個小行星的那一年，它和地球的距離是 300 萬公里。就行星間的距離來說，這樣的距離是極短的，因為火星距離地球最近的時候也有 5600 萬公里，金星和我們最近的距離也在 4200 萬公里以上。有趣的是，這顆小行星的軌道距離金星有時候還要近一些，只有 20 萬公里，這個距離是月球到地球的一半。我們目前還不曾知道有比它們更接近的兩個行星。

　　我們這個近鄰的行星還有一點值得注意，即它是天文學家已發現的最小的行星之一。它的直徑不到 2 公里，甚至還要小些。1937 年發現了一顆叫做赫爾麥斯的行星，直徑不超過 1 公里，它接近地球的時候，離地球的距離和月球差不多（50 萬公里）。

　　從這個例子來理解天文學家所謂的「小」是很有意思的。一顆袖珍型的小行星，體積有 0.52 立方公里，也就是 520000000 立方公尺，倘若是由花崗石做的，它的重量就有 1500000000 噸。使用這個重量的花崗石，可以建造 300 座像埃及金字塔那樣的建築物。

　　由此可見，天文學家口中的「小」，跟我們平常所說的「小」是有著千差萬別的。

❈ *3.13* 木星的同伴

在目前已知的 1600 個小行星中，有一組 15 個左右的小行星的運動十分特別，它們跟古希臘特洛伊戰爭中的英雄們同名：阿喀琉斯、巴特羅克爾、赫克托耳、涅斯特利安、阿伽門農等。這一組小行星繞太陽的軌道很特別，它們每一個跟木星和太陽無論什麼時候都在一個正三角形的三個頂點上，因此這一組小行星都可以叫做木星的同伴，它們遠遠地跟著木星前進，有些在木星前面 60°，有些在木星後面 60°，而且它們繞太陽一周所需要的時間也相同。

這些小行星所組成的三角形有很好的平衡性：一旦某顆小行星離開了它應在的位置，引力作用就會把它拉回來。

在這組「特洛伊英雄」發現之前，法國數學家拉格朗日在純理論研究中，已經提到過這種在三個天體之間的活動平衡。他認為這是一個很有趣的問題，並認為宇宙間很難找得到類似的具體事例。然而熱心探索小行星的人卻在我們這個行星系統中找到了事實證明。仔細研究這些為數眾多的小行星，對天文學的發展是有很重要意義的，這一點從以上論述中可以直觀地看出來。[8]

8　小行星的數目繼續不斷地增加，已經使今天的天文學家覺得是一種麻煩了，有人提出：「再去追求小行星數目的增加是完全不合理的。這只能使那些已知的行星的研究受到損害……近年以來發現次數的增多已經使觀察的人和計算的人都不能像以往一樣好好研究從前的行星了……截至 1934 年 6 月，已登記的行星有 1264 個，其中有一部分（271 個）是處在『受威脅的』位置，那就是說，對它們軌道的認識極不準確，以致它們頗有失蹤的危險……對於新發現的行星，無可避免地應該只去計算和觀察其中最明亮、在理論上最有趣的幾個」。

❧ *3.14* 別處的天空

我們已經在想像中飛到月球表面，把地球和別的天體大致看過一遍了。

現在再想像飛到太陽系的其他行星上，去欣賞別處的天空的景色。

我們首先去遊覽金星。如果金星上的大氣足夠透明的話，我們在金星上看到的太陽就會比在地球上看見的大一倍（圖 66）。相應地，太陽灑向金星的熱和光也是地球上的兩倍。金星上夜晚的天空有一個星星會特別耀眼，那就是地球。它在金星天空中的亮度，比我們在地球上所見到的金星亮很多，雖然兩者的大小基本一致。要明白這一點是很容易的。由於金星比地球距離太陽更近，所以當它最接近地球的時候，我們無法看到它，因爲它沒有受到太陽照射的一面朝向我們。直到它走開一些的時候我們才能看見它，這時候也只能看見它狹窄的月牙形，但那不過是金星表面不大的一部分。金星天空中的地球，當它跟金星相離最近的時候，卻是個完整的圓，就像我們看見大沖中的火星一樣。

因此，金星天空中的地球在全位相的時候，亮度是我們所見的最亮的金星的 6 倍，不過應當指出的是，此時應該假定金星的天空是很清澈的才行。但我們不能就此認爲金星上的「灰色光」是由於金星上夜的半面受到地球的照明而形成的。地球照在金星上的光，就強度來說，只相當於 35 公尺之外的一支普通的蠟燭，這顯然不足以使金星產生「灰色光」。

金星的天空中除了地球光之外，常常還有月光，這裡的月光亮度是天狼星的 4 倍強。在整個太陽系中很難找到比金星天空中「地球和月亮」這一系統還亮的了。在金星上的人通常所見到的是分別位於天空中的月亮和地球，而透過望遠鏡，甚至都可以分辨清楚月亮表面的細節。

從水星上看

從金星上看

從木星上看

從土星上看

從火星上看

從天王星上看

從海王星上看

從地球上看

從冥王星上看

圖 66　從地球和其他行星上看見的太陽

　　金星天空中還有另外一顆很亮的行星 —— 水星。水星是金星的晨星和昏星。從地球上看去，水星也是一顆很亮的星星，天狼星在它面前都會黯然失色。從金星上看水星的亮度，是從地球上看它的 3 倍。此外，看火星的亮度只是地球上所見的 $\frac{2}{5}$，比我們所看見的木星還要稍微暗一些。

　　至於那些不動的星星，在太陽系所有行星的天空中的輪廓都是一樣的。不論從水星、木星、土星、海王星或者冥王星上來看，這些星系的圖案都是一樣的，這是因為這些星星離我們實在太遠了。

　　現在我們離開金星，飛到小一些的水星上去。這是一個沒有大氣、沒有晝夜交替的奇

怪的世界。水星天空中的太陽是一個很大的圓面，從面積上來講，相當於地球上空的太陽的 6 倍（見圖 66）。地球在水星天空中的亮度，比金星在地球天空中的亮度大 1 倍。金星在此地也是出奇的亮，金星在沒有雲彩的水星的黑色天空中是如此之亮，太陽系中竟再也找不出另外一顆如此亮的星星了。

　　現在我們去火星。這裡所見到的太陽圓面只有地球上所見的一半大（見圖 66）。地球是火星的晨星和昏星，就像金星對地球一樣，只不過沒有金星這麼亮，它跟地球上所見的木星差不多亮。火星上永遠也見不到全位相的地球：火星人所見的地球，最大也就是地球表面的 $\frac{3}{4}$。月亮幾乎和天狼星一樣亮，火星人用肉眼就可以看到。如果使用望遠鏡的話，無論是地球還是月球的位相變化都可以看到。

　　火星的天空中最能引起我們注意的是它那顆最近的衛星——福波斯。它的體積很小（直徑為 15 公里），但由於它離火星十分近，因此在滿輪的時候我們見到的福波斯是我們所見的金星亮度的 25 倍。另外一個衛星德莫斯要暗一些，但在火星的天空中它依舊掩蓋了地球的光輝。雖然體積很小，但是由於福波斯距離火星很近，所以從火星上仍舊可清晰地看到它的位相。視力敏銳的人，也許還能見到德莫斯的位相。

　　在飛到別的星球去之前，我們先去離火星較近的一顆衛星上停留一下。我們從此處可以見到完全異樣的風景：這裡的天空中有一個無比龐大的圓面，它的位相變化得很快，比我們的月亮亮幾千倍，這就是火星。它的圓面所占的視角是 41°，大小是月亮的 80 倍。這樣的奇景，只有在木星的最近的一顆衛星上才可以觀察得到。

　　我們現在來到了前面所提過的那顆最大行星的表面上。如果木星的天空足夠清晰，那

麼它天空中的太陽，從體積上而言，就只有地球天空中太陽的 $\frac{1}{25}$（見圖 66）。太陽投向木星的日光也只有它投向地球的 $\frac{1}{25}$。這裡的白晝只有短短的 5 小時，並且很快就被黑夜所代替。我們接著來尋找一下熟悉的行星。我們可以找到它們，但是它們已經發生了巨大的變化。只有在黃昏的時候才可以透過望遠鏡觀察到金星和地球，它們和太陽一同落下[9]。火星恰能看見，可土星和天狼星卻很亮。

木星的天空中占據著顯著地位的是它的那些衛星。衛星 I 和 II 跟地球天空中的金星差不多亮，衛星 III 比金星上所見的地球亮一倍，衛星 IV 和 V 比天狼星亮好多倍。至於這些衛星的大小，前四個衛星的視半徑比太陽的半徑大。前三個衛星每一次運轉中都會沒入木星的陰影，因此我們永遠見不到它們整個圓面的位相。這個地方也有日全食，但是只有木星上極其狹窄的地帶才可以觀測到。

木星上的大氣很難有地球上的大氣那般清澈，因為這裡的大氣層太厚、太稠密。由於大氣的密度極大，木星上還會發生由於光的折射而引起的極其特別的光學現象。在地球上光的折射不是很明顯，所以我們能看見的天體的位置只比它們的實際位置稍高一些（見圖 15）；但在木星上極厚、極稠密的大氣條件下，光學現象十分明顯。從木星表面所發出的光線（圖 67），由於偏折十分厲害，就不可能射到大氣層，而是要折向木星表面，像地球大氣中的無線電波一樣。這樣的話，站在發光點的人就能看見一種極不尋常的景致。他會覺得自己仿佛是站在一個大碗的底部。這顆大行星的整個表面差不多都在碗底，靠近碗邊的地方發生了很大的緊縮。碗口上空是天空 —— 並不是我們地球上所見的半個天空，而幾

9　地球在木星的天空中的亮度只相當於一個八等星。

乎是整個天空，只不過碗邊上的輪廓比較黯淡和模糊一些罷了。太陽永遠不會離開這個天空，因而半夜的時候我們站在木星上的任何地方都可以見到太陽。然而木星上是否真的有這般不同尋常的景色，現在還很難說清楚。

從木星較近的衛星上所見到的木星也是一道亮麗的風景（圖 68）。比如說，從它的第五衛星（最近的衛星）上所見到的木星的直徑，幾乎是月亮的 90 倍 [10]，其亮度只有太陽的 $\frac{1}{7}$ 到 $\frac{1}{6}$。當它的下邊緣接觸到地平線的時候，它的上邊緣

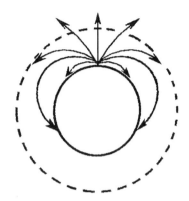

圖 67　光線在木星的大氣中可能發生的偏折

圖 68　從木星的第三個衛星上所見到的木星

10　從這個衛星上看見的木星視角直徑大於 44°。

還在半天中。當沒入地平線的時候，它的圓面占據著整個地平圈的 $\frac{1}{8}$。在這個快速旋轉的圓面上，不時有小黑點掠過，這是木星衛星的陰影。不過這些陰影的影響力並不大，只不過是使這個巨大的行星稍微黯淡了一些而已。

我們現在到下一個行星 —— 土星上去。我們是想去看看久負盛名的土星光環。

首先，我們會發現並非任何地方都能見到光環。從土星的南北緯 64° 到南北極之間，一點光環也見不到。站在這個極區的邊緣，只能看見環的外緣（圖 69）。在緯度 64° 到 35° 之間，看見的光環越來越闊。在緯度 35° 的地方，就能欣賞到整個光環帶了，這時看到的環的視角最大，有 12°。越靠近赤道，見到的環逐漸變窄，同時它們離「地平線」的距離也逐漸增高。倘若站在土星的赤道上，就會發現，光環已經升到了天頂，我們只能看到它的側面了，猶如一條極其狹窄的帶子。

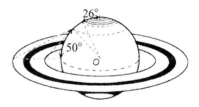

圖 69　怎樣確定土星表面各點所看到的環的可見度。在土星的極區和 64° 之間，環是一點都看不見的

上述並未把光環的各種情況都說清楚。還應當注意，光環只有一面被太陽光照亮，另一半仍是陰影。因此，只有站在面對光環被照亮的一面的半個土星上，才能看到照亮了的光環。在土星上的上半年，我們只能在土星的這一半球上看見光環，並且是在白晝的時候。在夜間可以看見環的很短暫的幾個小時內，環的一部分會沒入土星的陰影裡。最後，還有一個有趣的細節，即土星的赤道地區，在許多地球年的時間裡都是處在光環的陰影中的。

從土星最近的一個衛星上所看見的土星，毫無疑問是最奇妙的天空景色。土星和它的

光環，尤其是在土星呈現月牙形的時候，景致最妙，這樣的景致在太陽系中很難找到第二個。天上會出現一個巨大的月牙形，月牙形的腰部有一條狹帶橫著，這就是環的側面。一群土星的衛星圍繞著這個月牙形和狹帶，這些衛星也都是月牙形，不過更小一些。

下表所列的是各個天體在別的行星天空中的亮度對比，依照從大到小的次序排列：

1. 水星天空的金星

2. 金星天空的地球

3. 水星天空的地球

4. 地球天空的金星

5. 火星天空的金星

6. 火星天空的木星

7. 地球天空的火星

8. 金星天空的水星

9. 火星天空的地球

10. 地球天空的木星

11. 金星天空的木星

12. 水星天空的木星

13. 木星天空的土星

表中第4、7、10三項（用波紋線標出）的這幾種亮度是我們所熟悉的，可以用作估計別的行星天空中天體亮度的標準。從這個表可以看出，地球在接近太陽的幾個行星（金星、水星、火星）的天空中的亮度都居首位。在水星的天空中，它也比我們所見到的金星和木星的亮度更大。

在第四章中，我們還會把地球跟別的行星的亮度作更精確的比較。

最後，我們附上一些有關太陽系的數字，供大家參考。

太陽：直徑1390600公里；體積（地球＝1）1301200；質量（地球＝1）333434；密度（水＝1）1.41。

月亮：直徑3473公里；體積（地球＝1）0.0203；質量（地球＝1）0.0123；密度（水＝1）3.34；和地球的平均距離是384400公里。

大小、質量、密度、衛星數量

| 行星名稱 | 平均直徑 | | | 體積（地球＝1） | 質量（地球＝1） | 密度 | | 衛星數量 |
| | 可視直徑 | 實際直徑 | | | | 地球＝1 | 水＝1 | |
	秒	公里	地球＝1					
水星	13～4.7	4700	0.37	0.050	0.054	1.00	5.5	—
金星	64～10	12400	0.97	0.90	0.814	0.92	5.1	—
地球	—	12757	1	1.00	1.000	1.00	5.52	1
火星	25～3.5	6600	0.52	0.14	0.107	0.74	4.1	2
木星	50～30.5	142000	11.2	1295	318.4	0.24	1.35	12
土星	20.5～15	120000	9.5	745	95.2	0.13	0.71	9
天王星	4.2～3.4	51000	4.0	63	14.6	0.23	1.30	5
海王星	2.4～2.2	55000	4.3	78	17.3	0.22	1.20	2

距太陽的距離、公轉週期、自轉週期、引力

| 行星名稱 | 平均半徑 | | 軌道偏心率 | 公轉週期（地球年） | 在軌道上的平均速度（公里／秒） | 自轉週期 | 赤道與軌道平面傾斜度 | 引力（地球＝1） |
	天文單位	百萬公里						
水星	0.387	57.9	0.21	0.24	47.8	88日	5.5	0.26
金星	0.723	108.1	0.007	0.62	35	30日？	5.1	0.90
地球	1.000	149.5	0.017	1	29.76	23小時56分	5.52	1
火星	1.524	227.8	0.093	1.88	24	24小時37分	4.1	0.37
木星	5.203	777.8	0.048	11.86	13	9小時55分	1.35	2.64
土星	9.539	1426.1	0.056	29.46	9.6	10小時14分	0.71	1.13
天王星	19.191	2869.1	0.047	84.02	6.8	10小時48分	1.30	0.84
海王星	30.071	4495.7	0.009	164.8	5.4	15小時48分	1.20	1.14

圖 70　在望遠鏡中放大 100 倍後的月球和行星

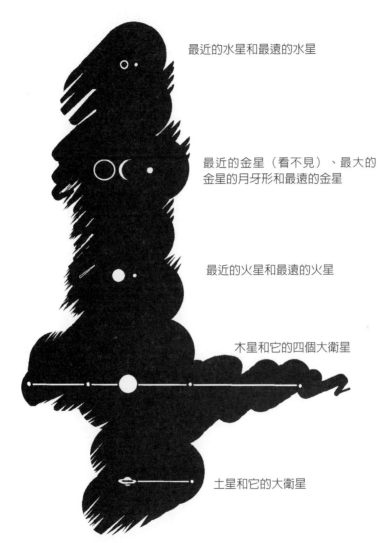

最近的水星和最遠的水星

最近的金星（看不見）、最大的
金星的月牙形和最遠的金星

最近的火星和最遠的火星

木星和它的四個大衛星

土星和它的大衛星

這張圖應該放在離眼睛 25 公分處看

　　圖 70 中是幾個天體在小型望遠鏡中被放大了 100 倍的情景。為了比較，左邊畫了一個放大了相同倍數的月亮（這個應該放在離眼睛 25 公分處觀察，亦即明視距離處）。在圖的右邊，上面是從地球上看見的最近的和最遠的水星，其次是金星，下面是火星、木星和它的四個大衛星，以及土星和它的最大的衛星[11]。

11　關於行星的視大小，想知道詳細情況可參看作者的《趣味物理學續篇》第九章。

恆星

✂ *4.1*　恆星為何叫恆星？

肉眼仰望星空，我們看見了閃閃發光的恆星。

恆星發出光芒的原因就在於我們的眼睛。原來我們的眼珠並不十分透明，並不像上好的玻璃那樣具有均勻的構造，而只是一種纖維組織。關於這一點，赫爾姆霍爾茲在《視覺理論的成就》中提到過：

「眼睛所見的光點的像，通常並不是發光的，原因就在於構成眼珠的纖維是沿六個方向排列成輻射狀。那些好像從發光點 —— 比如說恆星、遠處的燈火所發出的看得見的一束束光線，其實只不過是眼珠的輻射結構的表現而已。眼睛的這一缺陷所造成的影響是非常普遍的，所以大家都把一切輻射狀的圖形叫做星形。」

有一種方法，在不借助望遠鏡的情況下就能擺脫眼珠這一缺陷的影響，並使我們看見不帶光芒的行星。這個方法，400 年前達‧文西就發現了：

「可以看見不帶光芒的星星。只需要用針尖在紙上刺出一個小孔，把眼睛貼在小孔上去看，就會看到一個小得不能再小的星星了。」

　　這和赫爾姆霍爾茲所說的恆星的光芒[1]所產生的原因並不矛盾。相反，達‧文西的實驗可以證實上述理論：透過一個極小的小孔，我們只是讓一條極細小的光線經過我們眼珠的中心部分來到我們的眼睛，這樣，眼珠的輻射結構就不再發揮作用了。

　　因而，如果我們的眼睛構造更完美一些的話，我們就不會看見光芒四射的星星，而只是一些小小的發光點了。

○3 4.2　為什麼恆星會閃爍，而行星的光芒卻很穩定？

　　即使是不懂天象的人，用肉眼也能分辨出哪一顆是恆星、哪一顆是行星。行星的光是穩定的，恆星卻忽明忽暗地閃爍；在離地平線不遠處的明亮的恆星，還會不時地變換著顏色。「這種忽明忽暗、忽白忽綠又忽紅的光，像晶瑩奪目的鑽石一般閃爍，使天空顯得靈活起來，人們就會不由自主地覺得星星中有一雙眼睛正看著地面。」── 佛蘭馬理翁說道。寒夜或者颶風的時候，以及雨後烏雲散去的時候，恆星尤其明亮，顏色變化十分厲害[2]。地平線附近的星星比高懸在天空的星星閃爍得更厲害；白星比黃星和紅星更閃爍。

　　和光芒一樣，閃爍也不是恆星所固有的性質。星光在達到我們的眼睛之前穿過大氣的時候，大氣賦予了它們閃爍的外觀。如果我們上升到不穩定的大氣層上面去，就看不見閃

1　談到恆星的光芒，我們指的並不是擠著眼睛看星星時所見的那種好像是從星星上延伸到我們眼裡來的光線，而是由睫毛的光的繞射作用所引起的。

2　夏天的時候，如果星光閃爍得厲害，那就是要下雨的前兆。因為它表示氣旋已經臨近。雨前的星光主要是藍色，天要乾旱時的星光是綠色的。

爍的恆星了，我們所看見的就將是穩定不變的星光。

　　炎熱的日子裡，由於太陽的炙烤地面發燙，而使得遠處的物體看上去像是在顫抖。恆星閃爍的原因也如此。

　　星光需要穿過的大氣層性質是不一樣的。各層大氣的溫度不同、密度不同，所以它們光線偏折的程度也不一樣。在這種大氣中就好像有許多三稜鏡、凸透鏡和凹透鏡在不斷地改變星光的位置。這樣，光線在到達地球之前必須經過多次偏折，時而會聚，時而分散。因此，星光就一會兒變暗，一會兒變亮。光線在偏折的同時，還會發生色散。所以，除了明暗變化之外，星光的顏色也在發生變化。

　　普爾科夫天文臺的天文學家季霍夫在研究了星星的閃爍之後寫道：「有一些方法可以用來計算星光在一定時間內顏色改變的次數。實際上，這種變化非常快，變化的次數因條件的不同從每秒鐘幾十次到一百多次。要驗證這一點很容易：取一個雙筒望遠鏡來觀察一顆很亮的星星，同時快速旋轉望遠鏡物鏡。這時候，我們就不會看見星星，而是看見一個由許多色彩各異的星星所組成的光環。在閃爍較慢或者望遠鏡轉動極快的時候，這個環並不會分裂成星星，而只是分裂成許多長短不一、顏色各異的弧。」

　　現在我們還需要解釋的是，為什麼行星不像恆星那樣閃爍，而是散發著平穩的光芒。相對於恆星而言，行星離我們更近，因此我們的眼睛看見的不是一個個的光點，而是發光的小圓面。這種圓面上的視角小到基本讓人察覺不出來。

　　這種圓面上的每一點所發出的光都在閃爍，然而，各個點的明暗和顏色在不同的時間裡都在各自變動著，因此它們就能相互補充。較暗的點和較亮的點合在一起，使得整個行星的光亮度不會發生變化。行星不閃爍的道理就在於此。

也就是說，我們所看見的行星之所以不閃爍，是因為它上面的各點是在不同的時間閃爍的。

❀ 4.3　白天能看見恆星嗎？

白晝時位於我們頭頂的那些星座，半年前我們曾在夜間見過，半年之後我們還會在夜間看見它們。地球上被照亮的大氣妨礙我們在白晝的時候看見它們，因為空氣中的微粒所漫射的太陽光比恆星所發出來的光還要強烈[3]。

一個很簡單的實驗就可以幫助我們說明為什麼白晝的時候看不見恆星。在一個硬紙盒的側壁上用針刺幾個小孔，使它們像某一星座一樣排列，再在壁外貼上一張白紙。將盒子放在一間黑色的屋子裡，在盒子裡面點上一盞燈。此時，在刺了孔的紙壁上就會出現一些明亮的光點，這就是夜間的天空的星星了。如果在室內開一盞電燈，儘管紙盒子裡面的燈還是亮著的，但出現在白紙上的人造星座就會消失。這和白天時恆星消失的道理是一樣的。

我們通常會讀到這樣的說法：站在深深的坑裡、深井裡或者高高的煙囪底部，就可以在白天看見恆星了。這種觀點很流行，很多名人都相信。但近來已經有人對此進行了認真的考證，並證明這種觀點是不成立的。

實際上，就連那些寫過這個觀點的人，不論是亞里斯多德，還是 19 世紀的約翰赫歇爾，

3　從高山上看天空，也就是說，把那些密度最大和含塵最多的大氣留在我們腳下，那麼在白晝時也可以看見最亮的恆星。比如說在高達 5 公里的阿拉拉特山頂，下午 2 點都能將一等星看清楚，那裡的天空是藍色的。

都沒有在上述條件下看到過這樣的情景，他們都說別人見過。那麼這些「親歷者」的證據是否確鑿呢？我們透過下面這個有趣的例子就可以知道了。一份美國雜誌上曾有這樣一篇文章，是說在井底看見白晝的行星是無稽之談。不過有一位農場主來信說，他本人就曾在一個深 20 公尺的地窖裡，在白晝的時候見過五車二和大陵五兩顆星。但後來的驗證表明，就農場主所在的那個緯度，在信中的季節，這兩顆星並沒有經過天頂，因此，說在深窖裡見過它們完全是無稽之談。

理論上來講，礦坑或者深井有助於我們在白晝的時候看見星星也是不成立的。我們已經知道，白天的時候看不見星星是因為它們淹沒在天空的光明中了。這種情況並不會隨著人眼所處的位置而改變。站在井底的時候，側面來的光線被井壁遮住了，但井口上面空氣柱中的所有微粒依舊會漫射光線，導致我們看不見星星。

這種情況下，只是井壁可以遮住強烈的太陽光，使我們的眼睛可以看得更清楚，但這也只能幫助我們看見很亮的行星，而不是恆星。

至於利用望遠鏡可以在白晝看見星星，這其實並非許多人所認為的是由於「從管底」觀察的結果。真正的原因就在於玻璃透鏡的折射作用或者反射鏡的反光作用，使得被觀察的天空顯得更暗，而恆星本身卻被加亮了。在物鏡直徑為 7 公分的望遠鏡中，已經可以在白晝的時候看見一等星和二等星，但深井、礦坑和煙囪是不能和望遠鏡相提並論的。

然而，金星、木星、大沖時的火星卻是另外一種情景。它們比恆星亮得多，所以在適宜的條件下，白晝的時候是可以看見它們的（參見 3.1 節「白晝時的行星」）。

♋ 4.4　什麼是星等？

　　就算是不懂天文學的人也都知道有一等星和非一等星的存在。但是比一等星更亮的星星──零等星甚至負等星，人們就不一定聽過了，他們可能會覺得這是不合理的。其實天空中最亮的星星是負等星，我們的太陽就是一個「負 27 等星」。有些人甚至覺得這裡的負數概念是不對的，那我們就再次講述一個說明負數理論發展過程的明顯的例子。

　　我們來細細地分析一下恆星分等的方法。首先要弄清楚的是，這裡所說的「等」，並不是指星體的大小，而是指它們的亮度。古代的時候，一些在黃昏的時候出現在天空的最亮的星星已經被列為一等星了，之後還有二等星、三等星，一直到肉眼能看見的六等星。這種主觀的根據星體亮度的分類方法已經不再令現代天文學家滿意了，於是人們制定出一種更切實的星體分類方法。其理論基礎如下：已知的一等星的平均亮度（這些星星的亮度也是不同的），是肉眼可見的最不亮的星星（六等星）的 100 倍。

　　這樣就能推算出恆星的亮度比率，也就是前一等星的亮度是次一等星亮度的多少倍。假設一個亮度比率是 n，那麼我們可以得到：

　　一等星的亮度是二等星的 n 倍

　　二等星的亮度是三等星的 n 倍

　　三等星的亮度是四等星的 n 倍……

　　如果把其餘各等星的亮度做一個比較，就可以得到：

　　一等星的亮度是三等星的 n^2 倍

　　一等星的亮度是四等星的 n^3 倍

一等星的亮度是五等星的 n^4 倍

一等星的亮度是六等星的 n^5 倍……

透過觀察可知，$n = \sqrt[5]{100} \approx 2.5$

由此可見，前一等星大約是後一等星亮度的 2.5 倍 [4]。

CB 4.5　恆星代數學

我們來仔細分析一下最亮的恆星組。我們已經知道，這些星星的亮度是不一樣的：有的比平均亮度亮幾倍，有的又不及平均亮度（它們的平均亮度相當於肉眼恰能看見的星體的 100 倍）。

大家自己就能算出，亮度相當於一等星平均亮度的星星應該如何表示。1 的前面是什麼數字？是 0。這就是說，這些星星應當歸入「零等星」。那麼那些亮度是一等星的 1.5 倍或者 2 倍的星體又該如何表示呢？顯然它們應當位於 1 和 0 之間，也就是說，此時的星等應該是正數的小數。人們通常說 0.9 等星、0.6 等星等等，這些星體都比一等星亮。

現在我們就明白，為什麼會需要用負數來表示星等了。因為有這麼一些星體，它們的亮度超過了零等星，顯而易見它們的亮度就應當用 0 以前的數字來表示。這就是為什麼會有「負 1 等」、「負 2 等」、「負 1.6 等」、「負 0.9 等」的原因了。

在具體的天文學實踐中，星等是用特殊的儀器——光度計來計算的。借助這種儀器，

4　嚴格地講，這個所謂的亮度比率是 2.512。

可以把星體的亮度和已知的星體亮度進行比較或者和儀器裡的人工星體做對照。

　　整個天空中最亮的恆星是天狼星，它屬於「負 1.6 等」星。老人星（只在南半球可見）的星等是「負 0.9」。北半球天空中最亮的恆星是織女星，它屬於 0.1 等。五車二和大角是0.2 等。參宿七是 0.3 等。南河三是 0.5 等。河鼓二是 0.9 等。（應當注意的是，0.5 等星比0.9 等星亮，以此類推）。現在我們把天空中最亮的星和它們的星等列出如下（括弧內是星座名稱）：

天狼（大犬座α星）	−1.6	參宿四（獵戶座α星）	0.9
老人（南船座α星）	−0.9	河鼓二（天鷹座α星）	0.9
南門二（半人馬座α星）	0.1	十字二（南十字座α星）	1.1
織女（天琴座α星）	0.1	畢宿五（金牛座α星）	1.1
五車二（御夫座α星）	0.2	北河三（雙子座β星）	1.2
大角（牧夫座α星）	0.2	角宿一（室女座α星）	1.2
參宿七（獵戶座β星）	0.3	心宿二（天蠍座α星）	1.2
南河三（小犬座α星）	0.5	北落師門（南魚座α星）	1.3
水委一（波江座α星）	0.6	天津四（天鵝座α星）	1.3
馬腹一（半人馬座β星）	0.9	軒轅十四（獅子座α星）	1.3

　　從表中可以看出，恰好是 1 的星等其實並不存在，即從 0.9 等星跳到了 1.1 等星、1.2等星。因此，一等星不過是一個亮度標準，天空中實際上沒有這個一等星。

　　應該注意，我們不是根據恆星的物理性質來劃分星等的。實際上，這種分類是根據我們的視覺特點而產生，也就是我們的一切感官均按照韋伯—費希奈爾的精神物理定律所共

有的一種效應。這種定律在視覺上的應用是這樣說的:「當光源的強度按照等比數列變化的時候,亮度的感覺要按照等差數列變化。」(有趣的是,測量音調的高低時,物理學家也是用測定恆星亮度的原則。關於這一點,可以參閱《趣味物理學》和《趣味代數學》。)

熟悉了天文學上的亮度比率之後,我們來進行幾個有啓發意義的計算。比如說:多少顆三等星合在一起,會和一顆一等星一樣亮?已知,一等星的亮度是二等星的 2.52 倍,亦即三等星的 6.3 倍。也就是說,一定需要 6.3 顆三等星才有一顆一等星亮。同理,15.8 顆四等星才有一顆一等星亮。類似的計算 [5] 見下表(即多少顆該星等的星星才有一顆一等星亮):

二等	三等	四等	五等	六等	七等	十等	十一等	十六等
2.5	6.3	16	40	100	250	4000	10000	100000

從七等星開始,我們的右眼已經看不見了。十六等星需要使用很強的望遠鏡才能分辨清楚。如果我們的天然視力增加一萬倍的話,就可以用肉眼看見這些星體;這個時候,它們就像我們所見的六等星那般亮了。

當然,上表中並沒有一等星以前的星體,我們挑出幾個來進行計算。0.5 等星(南河三)是一等星亮度的 $2.5^{0.5}$ 倍,也就是 1.6 倍。負 0.9 等星(老人星)的亮度是一等星的 $2.5^{1.9}$ 倍,亦即 5.7 倍。而負 1.6 等星(天狼星)是一等星亮度的 $2.5^{2.6}$ 倍,也就是 10.8 倍。

最後還有一個很有趣的計算:多少顆一等星合在一起才可以代替肉眼所見的星空中的全部光輝呢?

5　「亮度比率」的對數很簡單,為 0.4。利用這個對數,可以使計算變得很容易。

半個天球上的一等星數目為 10 個。我們已經知道，後一等星大約是前一等星的 3 倍多，它們的亮度比率是 1：2.5。所以要求的數目等於下列級數的和：

$$10+\left(10\times3\times\frac{1}{2.5}\right)+\left(10\times3^2\times\frac{1}{2.5^2}\right)+\cdots\cdots+\left(10\times3^5\times\frac{1}{2.5^5}\right)$$

可以算出：

$$\frac{10\times\left(\frac{3}{2.5}\right)^6-10}{\frac{3}{2.5}-1}=95$$

因此，半個天球上肉眼可見的全部星星的亮度的總和大約等於 100 個一等星（或者一個負四等星）。

如果我們把題目中的「肉眼」改成「現代望遠鏡」，那麼半個天球上的全部星星的光輝大約相當於 1100 個一等星（或者一個「負 6.6 等」星）。

∞4.6 眼睛和望遠鏡

我們來比較用望遠鏡所看見的星和肉眼所見的星。

瞳仁在夜間看東西的直徑平均是 7 毫米。如果一個望遠鏡的物鏡直徑是 5 公分，那麼通過它的光線是通過瞳仁的 $\left(\frac{50}{7}\right)^2$ 倍，也就是大約 50 倍。如果物鏡的直徑是 50 公分，透過的光線就是 5000 倍。這就是望遠鏡能把所觀察到的星星的亮度增加的倍數。以上闡述只適用於恆星，行星的情形不一樣。在計算行星的像的亮度的時候，還需要考慮到望遠鏡的光

學放大率。

明白了這一點之後，就應該知道如果需要看見某一等星的星星，那所需的望遠鏡的物鏡應當是多大。但還應該知道，當這種望遠鏡的直徑是一個已知數的時候，最多可以看見哪一等的星體。假設我們知道，用鏡筒直徑為 64 公分的望遠鏡可以看清十五等以內的星，那麼要看清楚十六等星需要多大的物鏡呢？我們得到了這樣的一個算式：

$$\frac{x^2}{64^2} = 2.5$$

此處 x 表示的是需要求得的物鏡直徑。算出的結果是：

$$x = 64\sqrt{2.5} \approx 100公分$$

也就是說需要一個物鏡直徑大約是 1 公尺的望遠鏡才行。一般而言，要把望遠鏡能看到的星等提高一等，就需要把物鏡的直徑增加到原來的 $\sqrt{2.5}$，即 1.6 倍。

∞ 4.7 太陽和月球的星等

恆星的亮度比率除了可以用來評價恆星的亮度之外，還適用於其他星體：行星、太陽和月亮。關於行星的亮度，我們會再專門討論，此處只研究太陽和月球的星等。太陽的星等是 –26.8，滿月的星等 [6] 是 –12.6。讀完上一節的內容，讀者應該明白為什麼這兩個數字都是負值了。但是太陽和月球之間星等差別並不大，這一點可能會引起大家的不解。

6　上弦月和下弦月的星等是 –9。

　　我們不要忘了，星等實際上不過是用 2.5 做底的對數。用一個數的對數來除以另一個數的對數是無法比較這兩個數的大小的，同樣，也不能用一個星等來除以另一個星等，但我們可以透過以下的計算來正確比較這兩個星等的大小關係。

　　如果說太陽的星等是 –26.8，這就是說，太陽的亮度是一等星的 $2.5^{27.8}$ 倍。而滿月的亮度是一等星的 $2.5^{13.6}$ 倍。

　　由此而知，太陽的亮度是滿月亮度的 $\dfrac{2.5^{27.8}}{2.5^{13.6}} = 2.5^{14.2}$ 倍。

　　使用對數表，我們可知道這個數目等於 447000。這才是太陽和月球亮度的正確比率：晴天的太陽大約比無雲的滿月亮 447000 倍。

　　月球所反射的熱量大約跟它所反射的光線成正比。因此，月球反射到太陽上的熱量只相當於太陽所射來的 $\dfrac{1}{447000}$。已知地球大氣邊際上的每一平方公分面積每分鐘可以得到太陽大約 2 小卡的熱量，那麼月球每分鐘射向一平方公分地面的熱量肯定不會超過一小卡的 $\dfrac{1}{220000}$（也就是說，只能使 1 克水的溫度在一分鐘內升高 $\dfrac{1}{220000}$ ℃。）。由此可見，月光對於地球上的氣候有影響的觀點是不成立的 [7]。

　　有一種流行的觀點認為，雲層常常會在月光下消散，這也是不對的。實際上，雲在夜間由於別的原因消散的情景，只有在月明的時候才可以看見。

　　我們現在撇開月球，來看看太陽的亮度是整個天空中最亮的恆星天狼星的多少倍。運用以前所用的方法，可以得出：

7　關於月亮能夠以它的引力影響地面上的氣候，參見本書末 5.17 節「月球和氣候」。

$$\frac{2.5^{7.8}}{2.5^{2.6}} = 2.5^{25.2} = 10000000000$$

也就是說，太陽比天狼星亮 100 億倍。

下面這個計算也很有趣：滿月的光輝比整個星空中肉眼所見的半個天球的全部星體加在一起的光強多少倍？我們已經知道，從一等星到六等星全部加在一起的光輝才相當於 100 個一等星。因此，這個問題可以轉化成：滿月的光比 100 個一等星亮多少倍？

這個比率等於

$$\frac{2.5^{13.6}}{100} = 3000$$

因此，在晴朗的夜晚，我們從星空得到的光輝，只是滿月的時候的 $\frac{1}{3000}$，也就是晴天日光的 3000×447000 或者說 13 億分之一。

還要補充說明一下，把一根國際標準的燭光擋在一公尺的距離之外，相當於一個負 14.2 等星。但是這個燭光的亮度卻是滿月的 $2.5^{14.2-12.6}$ 倍或者 4.3 倍。

還需要說明的是，飛機場所安裝的 20 億燭光的探照燈，從月球上看的時候，應當如同一個肉眼所能夠看見的 4.5 等星。

ೞ *4.8* 恆星和太陽的真實亮度

至此，我們所計算的所有恆星的亮度，都只是它們的可見亮度。星等所反映的也只不過是天體在它們每個真實距離上使我們的視覺所感受到的亮度。但我們很清楚，恆星離我們

的距離並不一樣，因此，恆星的亮度不僅表示它們的真實亮度，還表示它們和我們的距離。最重要的就是需要知道，倘若各個星體跟我們的距離是一樣的話，那它們的比較亮度或者「發光本領」究竟怎麼樣。

提出這個問題之後，天文學家就引入了絕對星等概念。所謂的絕對星等指的就是，假如這顆星和我們的距離是 10 秒差距時的星等。秒差距是測量恆星間距離的一種特殊的長度單位，關於秒差距的來源我們以後會專門講述，此處只簡單地說，1 秒差距大約為 300000000000000 公里。如果我們知道了星星的距離，又知道星星的亮度應當和距離的平方成反比，那絕對星等的演算法本身就不難 [8] 了。

我們只介紹給讀者兩個結果：天狼星和太陽的絕對星等。天狼星的絕對星等是 +1.3，太陽的是 +4.7。也就是說，如果天狼星距離我們 300000000000000 公里，在我們眼裡它就

8　這個計算可以使用這樣一個公式：

$$2.5^M = 2.5^m \times \left(\frac{\pi}{0.1}\right)^2$$

關於這個公式是如何得到的，讀者在對「秒差距」和「視差」有所了解之後就會明白了。式中的 M 指的是恆星的絕對星等，m 是它的視星等，π 代表恆星的視差，單位為秒。把這個公式改動一下得到：

$$2.5^M = 2.5^m \times 100\pi^2$$

$$M \log 2.5 = m \log 2.5 + 2 + 2 \log \pi$$

$$0.4M = 0.4\,m + 2 + 2 \log\pi$$

由此求出　　　　　　　　　　$M = m + 5 + 5 \log\pi$

以天狼星為例，$m = -1.6$，$\pi = 0.38''$，於是它的絕對星等是

$$M = -1.6 + 5 + 5 \log 0.38'' = 1.3$$

會是一個 1.3 等星；在相同的條件下，太陽會是一個 4.7 等星。這時候，天狼星的絕對亮度是太陽絕對亮度的

$$\frac{2.5^{3.7}}{2.5^{0.3}} = 2.5^{3.4} = 25 \text{ 倍}$$

但實際上，太陽的視亮度是天狼星的 10000000000 倍。

我們可以得出結論：太陽遠遠不是天空中最亮的星體，但我們也不應當認為太陽在它周圍的恆星中只是一個小角色，因為它的發光能力依舊在平均數之上。根據恆星統計資料可知，在太陽周圍 10 秒差距以內的恆星中，發光能力平均數相當於絕對星等 9。太陽的絕對星等是 4.7，所以它的絕對亮度是周圍眾星的

$$\frac{2.5^{8}}{2.5^{3.7}} = 2.5^{4.3} = 25 \text{ 倍}$$

即便太陽的絕對亮度只有天狼星的 $\frac{1}{25}$，但它還是周圍星體平均亮度的 50 倍。

○ 4.9　已知星體中最亮的恆星

發光能力最強的一顆星是我們肉眼所看不見的八等小星劍魚座的 S 星。劍魚星座位於南天，所以在北半球溫帶地區是看不見的。我們所說的這個小星，是在我們相鄰的星系——小麥哲倫雲之內。小麥哲倫雲距離我們大約是天狼星距離我們的 12000 倍。如此遙遠的一顆星星，應該擁有相當大的發光能力，才能至少被稱作八等星。天狼星如果處於這樣的位置，就只會是一個十七等星，只有透過最強的望遠鏡才能勉強看得到。

那麼這顆有趣的星體的發光能力怎麼樣呢？計算的結果是負八等星。這就是說，這顆星的亮度大約是太陽的 100000 倍。發光能力如此強悍的一顆星，倘若處在天狼星的位置，它的亮度就會在天狼星的前九等，也就是說它跟上弦月和下弦月差不多亮。如果有一個在天狼星位置上的星星，並能讓地球上的人看見它如此強的發光能力，毫無疑問就應當是整個宇宙中所知的最亮的星體了。

C8 4.10　地球天空和其他天空的行星的星等

現在我們繼續在「別處的天空」一節所做的想像中進行行星旅行，以此對各個行星上天體的亮度進行更為精確的估算。首先指出地球天空中各行星最亮的時候的星等，見下表：

在地球的天空

金星	−4.4	土星	−0.4
火星	−2.8	天王星	+5.7
木星	−2.5	海王星	+7.6
水星	−1.2		

從表中可以看出，金星差不多比木星亮兩等，亮度是木星的 $2.5^2 = 6.25$ 倍，是天狼星的 $2.5^{2.8} = 13$ 倍（天狼星是負 1.6 等星）。從這個表中還可以知道，最暗的行星土星，也比天狼星和老人星以外的一切恆星要亮。行星（金星和木星）有時在白天肉眼也可見，但卻完全看不到恆星，就是這個道理。

現在我們給出各種天體在金星、火星和木星的天空的亮度表。此處我們不再加以解釋，因為這不過是把「別處的天空」一節所說的話，用數字表示出來了而已：

在火星的天空

太陽	−26	木星	−2.8
衛星福波斯	−8	地球	−2.6
衛星德伊莫斯	−3.7	水星	−0.8
金星	−3.2	土星	−0.6

在金星的天空

太陽	−27.5	木星	−2.4
地球	−6.6	地球的月球	−2.4
水星	−2.7	土星	−0.5

在木星的天空

太陽	−23	衛星 IV	−3.3
衛星 I	−7.7	衛星 V	−2.8
衛星 II	−6.4	土星	−2
衛星 III	−5.6	金星	−0.3

行星的亮度從它們各自的衛星上看時，最亮的要屬衛星福波斯天空的滿輪火星（−22.5），其次是衛星 V 天空的滿輪的木星（−21）和衛星密麻斯天空滿輪的土星（−20）：

土星的亮度大約是太陽的 $\frac{1}{5}$。

這裡還有一張各行星在彼此天空中的亮度表。此表很有意義。依照亮度排列：

	星等		星等
水星天空的金星……	–7.7	金星天空的水星……	–2.7
金星天空的地球……	–6.6	水星天空的地球……	–2.6
水星天空的地球……	–5	地球天空的木星……	–2.5
地球天空的金星……	–4.4	金星天空的木星……	–2.4
火星天空的金星……	–3.2	水星天空的木星……	–2.2
火星天空的木星……	–2.8	木星天空的土星……	–2
地球天空的火星……	–2.8		

這個表表示，在幾大行星的天空中，最亮的星是：水星上空的金星、金星上空的地球和水星上空的地球。

◯8 4.11　望遠鏡為何不會將恆星放大？

第一次使用望遠鏡觀看恆星的人對這一點十分詫異，即望遠鏡雖然能把行星放大，但卻不會把恆星放大，反而會把它們縮小，變成沒有圓面的光點。第一位使用望遠鏡觀察天空的伽利略就注意到了這一點。在使用自製的望遠鏡觀察之後，他寫道：

「使用望遠鏡觀察的時候，值得注意的是行星和恆星的形狀差異。行星是個小圓面，輪廓清晰，仿佛一個小月亮；恆星的輪廓卻沒辦法看清楚。望遠鏡只是增加了恆星的亮度，而五等星和六等星的亮度和最亮的恆星天狼星不同。」

為了說明望遠鏡為何不能將恆星放大，首先要提一下視覺的生理和物理特徵。當我們觀察離我們遠去的人的時候，他在我們的視網膜上的成像會越來越小。等到他離開相當遠的距離時，此人的頭部和足部在我們的視網膜上會離得非常近，以至於不會落在不同的神經末梢上，而是只落在一個神經末梢上。這時候的人像，就會給我們沒有輪廓的印象。對大多數人而言，當物理的視角縮小到 1′ 的時候，就會產生這種印象。而望遠鏡的功用就是將人眼看物體的視角放大，即能將物體像的每一細節均伸展到視網膜上相連的幾個神經末梢上。因此，當我們透過一個望遠鏡看物體的視角是我們在同距離用肉眼看該物體視角的 100 倍時，我們就認為望遠鏡將這個物體放大了 100 倍。如果物體的某一細節在放大之後的視角依舊小於 1′，那麼用這樣的望遠鏡來觀察物體還是不夠的。

不難算出，一台能夠放大 1000 倍的望遠鏡要看清楚月球上的細節，那它至少應該有 110 公尺的直徑；而要能看清楚太陽上的細節，那它至少應該有 40 公里的直徑。如果把這種計算引用到最近的恆星的話，其數字則要大到 12000000 公里。

太陽的直徑是這個數的 $\frac{1}{8.5}$。這就是說，如果將太陽移到這個恆星上面去，使用能放大 1000 倍的望遠鏡，那太陽的像也只會是一個點。最近的那顆恆星的體積應該是太陽的 600 倍，才有可能在最強大的望遠鏡裡看成一個圓面的像。如果一顆恆星處在天狼星的位置，我們需要它在最強大的望遠鏡裡看成是一個圓面的話，那它的體積應該是太陽的 500 倍。

由於大多數恆星的位置都比天狼星遠，平均大小又不比太陽大，所以即便是使用最強大的望遠鏡，我們所看見的恆星也都只是一些光點罷了。

天空中沒有這樣一個恆星，它的視角比我們站在 10 公里遠的地方看一個別針針頭的視角更大；也沒有一台望遠鏡，能把這樣的物體放大成一個圓面。事實上，用望遠鏡觀察太陽系中的天體的時候，放大率越大，它們的圓面會顯得越大。然而就像我們所提過的一樣，天文學家在此又碰到了別的不便，即成像越是被放大，它的亮度會越弱，分辨其中的細節就會越發困難。所以，在觀察行星，尤其是彗星的時候，只能利用中等放大率的望遠鏡。

讀者朋友也許會問這樣的問題：「既然望遠鏡不能將恆星放大，又為何要使用望遠鏡來觀察呢？」

在看了前面章節中所講的內容之後，其實已經沒有必要多說了。望遠鏡雖然不能將恆星放大，但卻能夠增加亮度，所以能使我們看到更多的恆星。

此外，借助望遠鏡還可以分辨出肉眼所見的一顆星是幾顆星。望遠鏡不能放大恆星的視直徑，但是可以將星星之間的視距放大。因此，在肉眼只見到一顆星的地方，望遠鏡卻可以看出兩顆、三顆甚至好幾顆行星來（圖 71）。有的星團，在肉眼看來仿佛只是一個光點，甚至什麼也沒有，但借助望遠鏡，往往就會看見那是成千上萬顆獨立的星星。

最後，望遠鏡的第三個作用在於：在區分星星的時候，它可以把視角測量得十分精確。在使用現代巨型望遠鏡拍攝的照片中，天文學家所測定的視角可以小到 0.01″。只有將一枚銅幣放在 1000 公尺之外或者將一根頭髮放在 100 公尺之外時，視角才會如此之小！

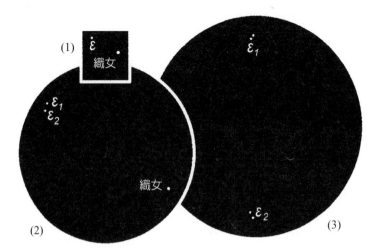

圖 71　織女星附近的同一個恆星：(1) 肉眼所見的情景；(2) 使
用雙筒鏡觀看；(3) 使用望遠鏡觀看

∝ 4.12　以前是如何測量恆星的直徑的？

　　我們已經知道，即便使用最強大的望遠鏡也無法看到恆星的直徑。不久前有關恆星大小的言論都是一些猜測。大家都說恆星的平均大小和太陽差不多，但是卻沒有人可以證明這種說法的正確性。

　　由於需要比我們現在所擁有的更為強大的望遠鏡才能分辨恆星的直徑，因此，這個有關恆星真實直徑的問題似乎是無法解決的。

　　這種情況一直持續到 1920 年，當時所採用的新方法和儀器為天文學家測量恆星的真正大小開闢了道路。

天文學上的這一最新成就得益於它忠實的盟友物理學。物理學不止一次地幫助過天文學的發展。

我們現在來講講根據光的干涉現象測量恆星眞正大小的方法。

爲了解釋清楚這種測量方法的原理，我們來做一個實驗，需要幾種簡單的儀器：一台放大率爲 30 倍的小型望遠鏡、一個離望遠鏡 10 ～ 15 公尺的明亮的光源，再用一張幕把這個光源遮住，幕上留一條只有十分之幾毫米寬的直縫。用一個不透明的蓋子蓋住物鏡，蓋子上有兩個相隔 15 毫米、直徑大約爲 3 毫米的圓孔，且位於沿水平線和物鏡中心對稱的地方（圖 72）。

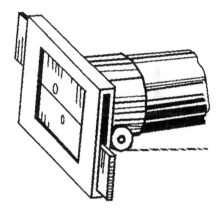

圖 72　測量恆星直徑的干涉儀器，物鏡前的蓋子上有兩個可以移動的小孔

不使用蓋子的時候，望遠鏡裡看到的縫是狹長的，兩側還有暗弱得多的條紋。裝上蓋子之後，中央那條明亮的狹線上有許多垂直的黑暗條紋。這些條紋是經過蓋子上兩個小孔的兩條光束彼此干涉的結果。如果把其中一個小孔遮住，這些條紋就會消失。

如果物鏡前面的兩個小孔可以移動，它們中間的距離就可以隨意改變，那麼它們相隔越遠，黑色的條紋就會越不清晰，直到消失。知道了條紋消失時兩孔的距離，就可以判斷觀察的人所看到的狹縫的視角大小。如果知道狹縫和觀察者之間的距離，就可以算出狹縫的眞實寬度來。如果，我們使用的不是一條狹縫而是一個小的圓孔，要確定這個「圓縫」的寬度（也就是小圓孔的直徑），使用的方法還是一樣的，但是所得的角度需要乘以 1.22。

在測量恆星的直徑時我們遵循的也是同樣的方法，不過恆星的直徑看起來太小了，所

以必須使用極其強大的望遠鏡。

除了上述所說的干涉儀之外，還有一種方法就是根據它們的光譜研究來測定恆星的真實直徑。

天文學家根據恆星的光譜就可以求出恆星的溫度。知道了溫度，就可以算出 1 平方公分的表面所輻射的能量。此外，如果知道了恆星的距離和視亮度，那它表面的輻射量也可以求出來。用前一個數字來除後一個數字，便是恆星表面的大小，接下來就可以算出其直徑了。比如說，我們已知，五車二的直徑是太陽直徑的 12 倍、參宿四是 360 倍、天狼星是 2 倍，織女星是 2.5 倍，而天狼星的伴星是太陽的 2%。

◎ *4.13* 恆星世界的巨人

計算出的恆星直徑結果確實是很驚人的。天文學家以前都沒料到，銀河系中竟有如此龐大的星。第一顆於 1920 年測定的真實大小的恆星是獵戶座 α 星參宿四，它的直徑比火星軌道直徑還大！另外一顆星是天蠍座中最亮的星心宿二，其直徑大約是地球軌道直徑的 1.5 倍（圖 73）。在已經發現的巨大恆星中，還應當提到的是鯨魚座的一顆星，它的直徑是太陽的 330 倍。

我們現在來講講這些巨星的物理構造。計算結

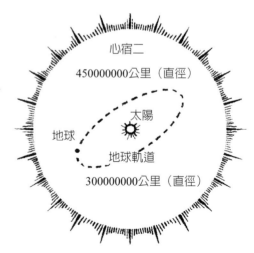

圖 73　天蠍座的巨星心宿二，它可以將我們的太陽和地球軌道都包含在內

果顯示，這些巨星雖然擁有極其龐大的外表，但所含的物質卻和大小極不相稱。它們的重量只有太陽的幾倍，然而它們的體積，例如參宿四，卻是太陽的 40000000 倍，因此其密度之小可想而知。假設太陽物質的平均密度和水接近，那麼巨星的密度就會和大氣相仿。按照某位天文學家的說法，這樣的恆星很像密度比空氣還小的龐大的氣球。

✑ 4.14　出人意料的計算

結合前面所講述的內容，我們來看這樣一個有趣的問題：如果把天空中所有恆星的像連在一起，會占據多大的地方呢？

我們已經知道，望遠鏡裡所見的全部恆星的光輝加在一起，相當於一個負 6.6 等星。一顆負 6.6 等星的亮度比太陽暗 20 等，也就是說，太陽光是它的 100000000 倍。如果我們將太陽表面的溫度算作所有恆星的平均數，那麼我們想像中的這顆星一定是太陽視面積的 $\frac{1}{100000000}$ 倍。圓的直徑和表面積的平方根成正比，因此，這顆星的視直徑就應當是太陽直徑的 $\frac{1}{10000}$，換句話說，它等於：$30' \div 10000$，結果大約是 $0.2''$。

這個結果是讓人吃驚的，即全部星星的視面積加在一起在天空占據的地方，居然和一個視角直徑是 $0.2''$ 的小圓面一般大。天空含有 41253 個平方度，因此可以簡單地算出，可見的星星合起來只占了整個天空面積的 200 億分之一。

○○ *4.15* 最重的物質

在宇宙深處所發現的奇景中，最稀奇的恐怕就是天狼星附近的一顆小星了。這顆星所含的物質，竟比同體積的水重 60000 倍！我們拿一杯水銀在手中，就會驚歎它有 3 公斤重而感到詫異。但是，這顆星的一杯物質便有 12 噸重，需要用一節運貨的火車才拉得動！這聽起來有些荒唐，但這正是天文學的最新發現。

這項發現是一個很長的故事，並且具有相當的啓發意義。我們早就知道，天狼星並不是沿直線在眾星中運動，而是一條奇怪的曲線（圖 74）。爲了說明天狼星運行軌道的特點，著名天文學家培賽爾推斷說，天狼星一定有一個伴星，它的引力擾亂了天狼星的運動。這是 1844 年的事——勒威耶發現海王星的前兩年。1862 年，培賽爾已經去世，他的推斷卻被證實了，人們從望遠鏡裡發現了他所猜測的那顆伴星。

天狼星的伴星——所謂的「天狼 B」星，繞主星運轉一周的時間是 49 年，和主星的距離大約相當於地球離太陽的 20 倍（也就是差不多爲海王星離太陽的距離，圖 75）。這是一顆八～九等暗星，但它的質量極大，幾乎是太陽的 0.8 倍[9]。如果

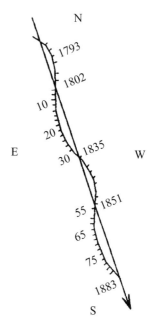

圖 74　天狼星從 1793 年到 1883 年間在眾星中的彎曲的運動路線

9　很可能，這個伴星自己還有一個伴星，一個很暗的星，大約每 1.5 個地球年繞著它轉一周。因此，天狼星可能是個三合星。

太陽位於天狼星的距離，那就一定會是顆三等星。所以，如果把這顆星放大，使它的表面跟太陽的表面之比等於它們的質量之比，那麼，這顆星就會和一顆四等星一樣亮，而不是一個八～九等星。天文學家起初認為，這顆星亮度較低是由於它表面的溫度低，因此把它看成一個冷卻的太陽，表面覆蓋著一層固體殼。

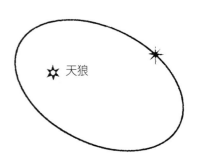

圖 75　天狼星的伴星繞天狼星的軌道（天狼星並不在可視橢圓形的焦點，因為橢圓形已經由於投影的原因發生了歪曲，我們看見的它的軌道平面是傾斜的）

　　但這種假設是錯誤的。後來知道，天狼星的這顆伴星，雖然亮度很低，但卻絕不是一個將要熄滅的恆星，而是一個表面溫度比太陽溫度還高得多的恆星。這完全改變了人們的看法。這顆星很暗的原因，只是因為它的表面小。已經計算出，它發射的光是太陽的 $\frac{1}{360}$，由此可見它的表面至少也應該是太陽的 $\frac{1}{360}$；它的半徑是太陽半徑的 $\frac{1}{\sqrt{360}}$，亦即 $\frac{1}{19}$。由此得出，天狼星的伴星的體積是太陽的 $\frac{1}{6800}$。同時，它的質量差不多是太陽的 0.8 倍。單單這一點就已經說明這個恆星的密度極大。更為精確的計算顯示，這顆星的直徑為 40000 公里，因此它的密度就是水的 60000 倍（圖 76）。

　　「警惕些吧，物理學家們，你們的領域要被侵犯了。」──這是克卜勒的話。當然，他說這話是有別的緣故的。事實上，到目前為止，還沒有一個物理學家可以設想過類似的事情。普通條件下，這樣的密度是完全難以想像的。因為固體狀態下的普通原子中間的空間已經夠小了，要再進行壓縮是不可能的。不過，還存在著所謂的「殘破的」原子，也就是失去了繞核旋轉的電子的原子。這樣的原子完全是另一種情形。原子失去了電子之後，直

圖 76　天狼星的伴星的物質密度是水的 60000 倍。幾立方
　　　　公分的物質就會和 30 個人的重量相等

徑就會小到原來的 $\frac{1}{1000}$，但同時重量卻不會減少。一個原子核和一個普通原子的比例，大

約是一隻蒼蠅和一所大房子的比例。這些極小的原子核，在星球中心部分極大的壓力作用

下就會互相靠近，它們之間的距離會小到普通原子之間距離的幾千分之一，這樣就形成了

密度如同天狼星伴星的物質。不過，這裡所說的密度還不夠大，還有別的密度更高的恆星。

有一顆十二等星，大小不會超過地球，但它所含物質的密度卻是水的 400000 倍！

但這也並非最大的密度。理論上來講，還存在著密度更大的物質。原子核的直徑不過是原子直徑的 $\frac{1}{10000}$，所以它的體積就是原子體積的 $\left(\frac{1}{10}\right)^{12}$。1 立方公尺的金屬所含的原子核體積大約是 $\frac{1}{10000}$ 立方毫米，然而這塊金屬的全部重量都集中在這一小點體積裡。這樣，1 立方公分的原子核大約重 1000 萬噸（圖 77）。

綜上所述，當我們說到有的星球的平均密度是天狼星 B 星的 500 倍時，便不再覺得不

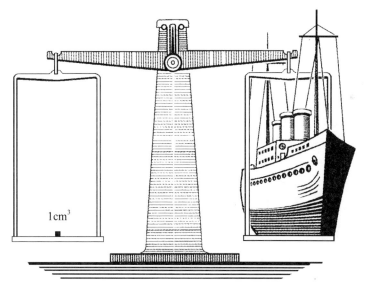

1cm³

圖 77　1 立方公分的原子核，可以和一條大洋上的輪船一樣重。當原子核擠得足夠緊的時候，1 立方公分的原子核可以重達 1000 萬噸

可信了。這顆星便是 1935 年所發現的仙后座裡的一顆十三等星。就體積而言，它比不上火星，只相當於地球的 $\frac{1}{8}$；就質量而言，卻是太陽的 2 倍多（確切地說是 2.8 倍）。如果用普通單位來表示，這顆星的平均密度是每立方公分 36000000 克。這就意味著，1 立方公分的這種物質，在地球上重 36 噸！這種物質的密度是黃金的 200 萬倍 [10]。

至於 1 立方公分的這種物質在那顆星球上的重量，我們會在第五章談到。

以前科學家們認為密度比白金大幾百萬倍的物質是絕不會存在的。

但是，在浩渺的宇宙中，一定還會有很多類似的奇觀異景。

○ 4.16 為何把這類星叫做恆星？

古代人將這類星命名為恆星的時候，是想借此來強調它們與行星的不同點：它們在天空中的位置總是保持不變。當然，它們也會參加整個天空中環繞地球的晝夜升沉運動，但這種運動並不會改變它們之間的相對位置。而和恆星相比，行星的位置總是不斷在發生變化，它們在眾星間穿梭，因而獲得了行星的名稱。

現在我們知道，把恆星世界看成是無數不動太陽的集合體的觀點是不對的。包括我們的太陽在內的所有恆星 [11]，彼此都在做相對運動，其運動的平均速度是每秒鐘 30 公里，這和地球的公轉速度相同。也就是說，恆星並非靜止不動的。相反，在恆星世界裡，有些星體

10　在這顆星的中心部分，物質的密度達到令人難以相信的地步，大約是每立方公分 100 億克。

11　這裡所說的「我們的」恆星系統指的就是我們銀河系裡的所有恆星。

的速度在行星中是見不到的。有顆叫做「飛星」的恆星，和太陽的相對速度達到每秒鐘 250 到 300 公里。

然而，如果我們所見到的全部恆星都在高速度地做無秩序的運動，每年要走幾十萬萬公里，那為何我們看不到這種瘋狂的運動呢？為什麼自古以來的恆星圖基本上就沒有發生變化呢？

其中的道理並不難想像。這是因為恆星離我們實在太遠了。大家有站在高處看遠處地平線上飛馳的火車的經歷嗎？難道這種情況下大家不是覺得這火車是如同烏龜般地在慢慢爬行嗎？近處的人看起來會頭暈的速度，在遠處的人看來竟然是烏龜般的爬行！恆星的運動也是同樣的道理，只不過觀察者和運動物體之間的距離太遠罷了。最亮的恆星，平均比其他恆星離我們稍近，具體來講，它離我們有 800 萬萬公里；這麼遙遠的一顆星一年內移動了 10 萬萬公里，也就是說，它和我們之間的距離縮小了 $\frac{1}{80}$。

從地球上看這些星體移動的視角還不到 0.25 秒，使用極其精確的儀器也只能剛好分辨出來。如果用肉眼觀看的話，就算看上幾百年，也什麼都看不出來。因此，只有使用儀器進行測量，我們才知道恆星確實是在運動（圖 78、圖 79、圖 80）。

因此，雖然恆星是在高速運動，但是在我們的肉眼看來，它們仍是恆久不動的，所以把它們叫做恆星是完全有道理的。

從上述內容讀者可以自己總結出，雖然恆星在快速地運動，但是它們之間相遇的機率微乎其微（圖 81）。

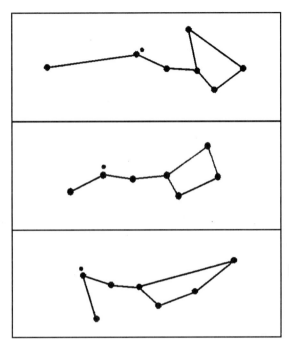

圖 78　星座的形狀變化很緩慢。中間的圖形表
　　　 示的是大熊星座現在的形狀；上圖是它
　　　 10 萬年前的樣子；下圖是 10 萬年之後
　　　 的形狀

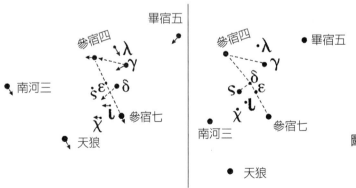

圖 79　獵戶座的恆星運動方向。左圖
　　　 是現在的形狀，經過 5 萬年之
　　　 後會變成右圖的形狀

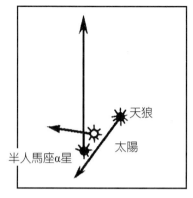

圖 80　三顆鄰近的恆星 —— 太陽、半人馬座 α 星和天狼星的運動方向

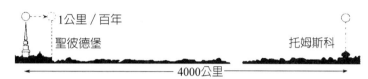

圖 81　恆星運動比例圖。兩顆棒球，一顆位於聖彼德堡，一顆位於托姆斯科。每一百年，它們之間的距離接近 1 公里（兩顆恆星之間的情況相似，只不過這是縮小了的比例圖）。從圖中可以明顯看出，恆星之間相撞的機率微乎其微

✿ 4.17　恆星距離的尺度

　　測量長度的大單位有公里、海里（1852 公尺）等。這些單位用於地面測量已經足夠，但是用於天體測量就微不足道了。如果用它們來測量天體距離的話，就會如同用毫米來測量鐵路一樣不方便。舉例來講，木星到太陽的距離，以公里為單位，是 78000 萬；十月鐵路的長度，用毫米作單位，是 64000 萬。

　　為了避免數字後面產生一長串零，天文學家就使用了更大的長度單位。例如，在測量太陽系的距離時，就把太陽和地球的平均距離當做單位（149500000 公里）。這就是所謂的「天文單位」。使用這個單位，木星和太陽的距離為 5.2，土星距離太陽 9.54，水星距離太

陽 0.387。

但是要測量我們的太陽和別的恆星之間的距離，這種尺度還是太小。比如說，離我們最近的一顆恆星（半人馬座中的比鄰星[12]，是一顆微紅的十一等星），用這個單位表示出來是 260000。

這還是最近的一顆恆星，其他恆星都相隔遙遠得很。採用其他更大的單位，就大大簡化了這些數字的記法和稱謂。天文學中採用的大單位有「光年」，還有比光年更大的「秒差距」。

光年就是光線在太空中一年裡所經過的路程。這個單位有多大呢？我們想像一下，光從太陽到地球只需要 8 分鐘就行了！一光年的長度跟地球軌道半徑的比例，和一年跟 8 分鐘的比例相等。用公里來表示的話，一光年就等於 9460000000000 公里，也就是說，一光年大約是 95000 億公里。

天文學家更喜歡使用的星際距離單位是秒差距。秒差距的距離就是：倘若站在這個距離來看地球軌道的半徑，其視角是 1 秒。從星球上看地球軌道半徑的視角，天文學家稱之為這顆星的「周年視差」。把「秒」和「視差」連在一起，就形成了「秒差距」這個詞。人馬座 α 星附近的比鄰星的視差是 0.76 秒，距離跟視差成反比，所以這顆最近的恆星的距離是 $\frac{1}{0.76}$ 或 1.31 秒差距。根據幾何學知道，1 秒差距等於 206265 個天文單位（地球到太陽的距離）。秒差距和其他長度單位的關係是：1 秒差距 = 3.26 光年 = 30800000000000 公里。

以下是用秒差距和光年來表示的幾顆明亮的恆星的距離：

---

12 這顆星跟半人馬座 α 並列在一起。

半人馬座 α 星：1.31 秒差距，4.3 光年

天狼星：2.67 秒差距，8.7 光年

南河三：3.39 秒差距，10.4 光年

河鼓二：4.67 秒差距，15.2 光年

這些都是離我們相對較近的恆星。它們距離我們到底有多近，只需要把各列的第一個數字乘以 30，然後加上 12 個零，再以公里作單位就可以了。但是光年和秒差距還不是測量恆星距離的最大單位。如果天文學家需要測量恆星系統的距離和大小的時候，也就是說，如果需要測量幾千萬顆恆星構成的宇宙的時候，就需要使用更大的尺度單位了。就如同公里是由公尺導出的一樣，這個單位是用「秒差距」導出的，即所謂的「千秒差距」，它等於 1000 秒差距或者 30800 萬萬萬公里。用這個單位來測量銀河系的直徑是 30，從地球到仙女座星雲的距離約為 205。

但是很多時候千秒差距還是顯得不夠大，必須要使用「百萬秒差距」。

這樣一來，我們可以得到一張星際長度單位表：

1 百萬秒差距 = 1000000 秒差距

1 千秒差距 = 1000 秒差距

1 秒差距 = 206265 天文單位

1 天文單位 = 149500000 公里

簡直無法想像百萬秒差距究竟有多大。即便我們把 1000 公尺縮小成頭髮般大小（0.05 毫米），百萬秒差距的長度也在人類的想像能力之外，相當於 15000 萬萬公里 —— 這是地球跟太陽距離的 10000 倍。

我們在此使用一個比喻，來幫助讀者理解百萬秒差距。一條從莫斯科到聖彼德堡的蛛絲重 10 克，一條從地球到月球的蛛絲重 8 公斤。倘若有一條蛛絲可以從地球牽到太陽，就會重 3 噸。但是，如果一條蛛絲有一個百萬秒差距那麼長，就會重達 600000000000 噸！

⑧ 4.18　最近的恆星系統

多年前，人們知道，最近的恆星是一個雙星，也就是南天的一等星半人馬座 α 星。近年來，關於這個星又多了很多有趣的細節。在半人馬座 α 星附近發現了一顆十一等星，它和上面所說的兩顆星組成了一個三合星。雖然離另外兩顆星的距離大於 2°，但是這第三顆星從物理上來看仍然是半人馬座 α 星的一員，因爲它們的運動具有一致性──這三顆星都以同樣的速度向一個方向運動。這個系統中的第三位成員最有趣的一點是：它距離我們比另外兩顆星近，因而應該算是所有已知恆星中離我們最近的一顆，所以這顆小星又叫做比鄰星，它比半人馬座 α 星中的 A 星和 B 星離我們近 2400 天文單位。它們的視差是：

半人馬座 α 星（A 和 B）：0.755

比鄰星：0.762

A、B 兩顆星的距離只有 34 天文單位，所以這整組星的形狀極爲奇怪（圖 82）。A、B 兩星之間的距離較天王星和太陽的距離稍大一些，而比鄰星和它們的距離則是 13「光日」。這三顆星之間的位置在緩慢變動著：A、B 兩星繞共同的中心轉一周需要 79 年，比鄰星卻需要 100000 多年。因此我們毫不擔心 A、B 兩星會在短期內取代它的地位而成爲離我們最近的恆星。

那麼，這個系統中的星星都有些什麼物理特徵呢？半人馬座 α 星中的 A 星的亮度、質量和直徑都比太陽稍大些（圖 83），B 星的質量比太陽稍小，直徑比太陽大 $\frac{1}{5}$，亮度卻是太陽的 $\frac{1}{3}$，因此它的表面溫度（4400℃）也比太陽（6000℃）低。

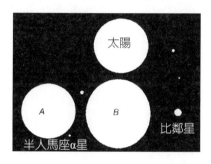

圖 83　半人馬座 α 星中的三顆星和太陽的大小比較

比鄰星的溫度還更低。它的表面溫度是 3000℃，是一顆紅色的星，直徑只有太陽直徑的 $\frac{1}{14}$。所以就大小而言，它位於木星和土星之間（但是質量卻超過它們幾百倍）。如果我們來到半人馬座 α 星的 A 星上，我們看見的 B 星就會和天王星天空中的太陽一樣大，比鄰星則是一顆很暗的小星星。實際上，它和 A、B 兩星的距離是冥王星和太陽距離的 60 倍，是土星和太陽距離的 240 倍，可它的大小只比土星大一些。

半人馬座 α 星以外，太陽最近的鄰居是一顆 9.5 等的小星，屬於蛇夫座，叫做「飛星」。之所以這樣稱呼，是因為它自行得非常快。這顆星和我們的距離是半人馬座 α 星距離的 1.5 倍，但在北天中卻可以算作是離我們最近的恆星。它的運動和太陽的運動呈傾斜角，速度非常快，它可以在不到 1 萬年的時間內逼近我們兩次。在離我們近的時候，它比半人馬座 α 星離我們還要近。

半人馬座α星

A. .B

比鄰星

圖 82　離太陽最近的恆星：半人馬座 α 星的 A、B 和比鄰星

∞ 4.19　宇宙比例尺

　　我們現在回到想像中的縮小了的太陽系模型上來，看看假如把恆星世界包括進去的話，那會得到一幅什麼樣的景像呢？

　　大家也許都還記得，在這個模型中，我們的太陽是一個直徑爲 10 公分的網球，整個太陽系是一個直徑 800 公尺的圓。遵循這樣的比例尺的話，恆星應當放在距離太陽多遠的地方呢？不難算出，離我們最近的恆星——半人馬座的比鄰星應當位於距離那個網球（太陽）2600 公里的地方，天狼星在 5400 公里處，河鼓二在 9300 公里處。也就是說，這些所謂最近的恆星，也在這個模型的幾千公里之外。對那些更遠的恆星，我們採用比公里更大的單位「千公里」。用這個做計量單位的話，地球的圓周是 40，地球到月球的距離是 380。織女星距離我們的模型 22 千公里，大角星距離 28 千公里，五車二是 32 千公里，軒轅十四是 62 千公里，天鵝座的天津四超過了 320 千公里。

　　我們現在把這些數字轉換一下。320 千公里 = 320000 公里，比地球和月球的距離少不了多少。可見，在這個用別針針頭表示地球、用 10 公分網球代表太陽的微型系統中也不能將這些恆星表示出來，除非將此模型系統擴展到地球之外！

　　我們的模型還沒有完工。銀河系中最遠的恆星和模型的距離是 30000 千公里，差不多是地球到月球距離的 100 倍。可我們的銀河系還遠遠不是整個宇宙。銀河系之外還有別的銀河系，像我們肉眼可見的仙女座星雲和麥哲倫雲。直徑爲 4000 千公里的小麥哲倫雲和直徑爲 5500 千公里的大麥哲倫雲，應當放在距離銀河系模型 70000 千公里的地方。仙女座星雲的模型，直徑必須達到 60000 千公里，放在離銀河系模型 500000 千公里的地方，也就是

差不多是木星到地球的距離。

　　現代天文學研究的最遠的天體是一些叫做河外星系的東西，也就是遠遠超出銀河系的那些無數恆星的集合體。它們距太陽有 600000000 光年。讀者可以自行計算一下這樣的距離在我們的模型裡會有多遠，同時，讀者對現代天文學上的光學儀器在宇宙中所達到的位置，也許就會有一定的理解了。

萬有引力

∽ 5.1　垂直發射的炮彈

　　從一尊安裝在赤道上的大炮裡垂直向上發射的炮彈，會落在什麼地方呢？這個問題以前在一本雜誌裡討論過。那時設想的是一枚理想的炮彈，以每秒 8000 公尺的初速度發射出去，70 分鐘後應當到達 6400 公里（等於地球的半徑）的高空。這是雜誌裡面的話：

　　「如果炮彈是從赤道上垂直向上發射的，那麼它從炮口飛出的時候也應當具有赤道上那一點向東前進的地球自轉速度（每秒 465 公尺）。這枚炮彈就會以這個速度跟赤道平行前進。但是炮彈發射的時候炮臺正上方的 6400 公里高的那一點，卻是以兩倍的速度沿著一個半徑兩倍的圓周向前移動。所以，它實際上會向東追過炮彈。當炮彈到達最高點的時候，就不會在出發點的正上方，而是在出發點的正上方以西。同樣的情形發生在炮彈降落時。結果，炮彈在 70 分鐘的向上飛以及此後向下落的過程中，就會移動到出發點以西大約 4000 公里的地方，這就是它落下的地方。要是想讓炮彈落在它出發的地方，就不應該垂直發射，而是要略微傾斜，此時的傾斜角度應當為 5°。」

　　佛蘭馬理翁完全是用了另外一種解答方法。在《天文學》一書中，他這樣寫道：

　　「如果把一枚大炮垂直對著天頂發射出去，那麼它一定還會回到炮口，雖然炮彈在上升和落下過程中都跟著地球從西向東運動了。原因很明顯：炮彈上升的時候，它從地球運動中所獲取的速度不會減少。它所得到的兩種推力並不衝突：它一方面可以向上升 1 公里，

另一方面又向東前進了 6 公里。它在空間中的運動大致是沿著一個平行四邊形的對角線進行的。這四邊形的一邊是 1 公里，另一邊是 6 公里。炮彈落下的時候，在重力的影響下，會沿著另一條對角線運動（準確地說，因為有加速度的影響，是沿著曲線運動）。因此，炮彈就會恰好又落回原來垂直的炮口。

但是要進行這樣的實驗是相當難的，因為很難找到這製造十分精確的大炮，也很難將它安裝得完全垂直。17 世紀的吉梅爾森和蒲圻兩人曾經做過這樣的實驗，但他們的炮彈在射出去之後就再也沒有找到。瓦里尼昂在他的《引力新論》（1690 年）的封面上印了一張圖畫（圖 84）。這張圖中有兩個人——一個僧侶和一個軍人。他們站在大炮旁邊，抬頭往上看，似乎是在觀看那枚射出去的炮彈。圖上的法文意思是：『它會落回來嗎？』這位僧侶就是梅吉爾森，軍人就是蒲圻。他們做過好幾次這樣的實驗，但似乎都因為沒有瞄得很准，所以炮彈沒有落回來。於是，他們就得出結論説，炮彈永遠留在空中不會回來了。瓦里尼昂對於這一點表示驚奇道：『炮彈竟會掛在我們的頭頂！這太奇怪了！』後來在斯特拉斯堡重新做這個實驗的時候，落下的炮彈在距離大炮幾百公尺遠的地方。很明顯，這是因為大炮沒有真正垂直向上發射。」

我們可以看到，這兩種解答方法完全相反。一位作者認為炮彈落在炮彈發射點的西邊，另一位覺得炮彈應該剛好落回炮口。那麼，究竟誰是誰非呢？

嚴格來講，這兩種答案都不正確，但佛蘭馬理翁的答案更接近真理。炮彈應當落在大炮的西面，但不會那麼遠，也不會剛好落回炮口。

圖 84　垂直發射的炮彈

　　然而這個問題不能用基本的數學來予以解答[1]。這裡只能把推算的最後結果列出來。

　　如果用 v 表示炮彈的初速度，用 ω 表示地球自轉的角速度，g 表示重力加速度，那麼炮彈落地的地方在炮身以西的距離用 x 表示，可以得到：

在赤道上，$x = \dfrac{4}{3}\,\omega\,\dfrac{v^3}{g^2}$ 　　　　　　　　　　　　　　　　(1)

在緯度 φ 上，$x = \dfrac{4}{3}\,\omega\,\dfrac{v^3}{g^2}\cos\varphi$ 　　　　　　　　　　　(2)

用上述算式解答第一位作家提出的問題，可以得到：

$$\omega = \frac{2\pi}{86164}$$

$$v = 8000公尺 / 秒$$

$$g = 9.8公尺 / 秒^2$$

把數值代入第一個算式，得出 $x = 50$ 公里：炮彈落在大炮以西 50 公里處（並不是第一

1　解答這個問題需要特殊的精密計算，本書不予以詳細介紹。

位作者所說的 4000 公里）。

那麼佛蘭馬理翁所說的情況又如何呢？他所講的情況中，發射炮彈的地方不是赤道而是靠近巴黎，緯度為 48°。因為這尊炮彈的初速度是每秒 300 公尺，所以我們可以得到：

$$\omega = \frac{2\pi}{86164}$$

$$v = 300公尺 / 秒$$

$$g = 9.8公尺 / 秒^2$$

$$\varphi = 48°$$

得出：$x = 1.7$ 公尺，也就是說，炮彈落在距離炮身 1.7 公尺處（而不是落在炮口）。當然我們沒有把氣流加在炮彈上的偏向作用計算在內，其實這種作用對計算結果是有影響的。

ℭ 5.2　高空中的重量

在上一章節的計算中，我們曾考慮了一種情況，但沒來得及向讀者解釋清楚，那就是離地面越遠，物體的重力越小。重力不是別的，正是萬有引力的表現，但兩個物體之間的吸引力同樣是隨著它們之間距離的增加而迅速變弱的。根據牛頓定律，引力和距離的平方成反比。注意，這裡所說的距離應當從地心算起，因為地球在吸引物體時好像使它的全部質量都集中在地心一般。所以，在 6400 公里的高空，也就是在距離地心兩倍地球半徑的高空，地球的引力就應該是地球表面的 $\frac{1}{4}$。

就垂直向上發射的炮彈而言，這種情況表現在，炮彈上升的高度必定要比重力不受高

度影響的時候大。對於以每秒 8000 公尺的初速度垂直向上發射的炮彈，我們曾認爲它會上升到 6400 公里的高度。但如果我們不把重力隨高度而變化這個因素考慮在內，而是用一般的公式來計算的話，那炮彈上升的高度就只有上述數字的一半。我們現在來計算一下。在物理學和力學課本中，對於一個在固定的重力加速度 g 作用下以速度 v 垂直向上運動的物體，它能夠上升的高度爲 h，公式如下：

$$h = \frac{v^2}{2g}$$

如果 v = 8000 公尺／秒，g = 9.8 公尺／秒^2，可以得出：

$$h = \frac{8000^2}{2 \times 9.8} = 3265000 公尺 = 3265 公里$$

這個數字大約是上面所說的一半。原因在於，利用課本裡面的公式的時候，我們沒有將重力會隨著高度減少的情況考慮進去。顯然，如果地球對炮彈的引力在減少，那麼，速度保持不變的這顆炮彈所上升的高度就會更大一些了。

但我們也不必就急著下結論，認爲課本中這個計算物體垂直上升高度的公式是不正確的。它們在可以應用的範圍內是正確的，只有在計算的人超出這個範圍使用的時候，才是不正確的。在高度不大的時候，重力減少的作用很小，可以不計算在內。因此，對於初速度爲每秒 300 公尺的垂直上升的炮彈，重力減少很小，上面這個公式就可以應用。

還有一個有趣的問題：現在航空器所達到的高度範圍，能不能察覺出重力減少的情況呢？物體到了這種高度，重量會不會明顯減少呢？1936 年，飛行員弗拉基米爾·康基納奇曾攜帶不同重量的重物飛到高空。一次是攜 0.5 噸的重物到 11458 公尺的高空，另一次是攜 1 噸的重物到 12100 公尺的高空，還有一次攜重 2 噸到達 11295 公尺的高空。問題就來了：

他所攜帶的這些重物，在上升到該高度的時候，其重量會發生變化嗎？乍看起來，從地面升到十幾公里的高空，重量似乎不會顯著減少。因為物體在地面時和地心的距離已經有 6400 公里。從地面上升 12 公里，不過是把這個距離增加到 6412 公里罷了。這麼小的距離變化，對重量應該不會有顯著的影響。但實際的計算結果卻告訴我們，在這種情況下重量的減少量是很大的。

我們來計算一下康基納奇將 2000 公斤的重物帶到 11295 公尺高空的情景。一架飛機到達這個高度的時候，它和地心的距離等於起飛前的 $\frac{6411.3}{6400}$ 倍。

此處的引力和地面的引力之比是

$$1 : \left(\frac{6411.3}{6400}\right)^2 \quad 或 \quad 1 : \left(1 + \frac{11.3}{6400}\right)^2$$

所以，這個重物在這個高度時的重量應當是

$$2000 \div \left(1 + \frac{11.3}{6400}\right)^2 公斤$$

求出這個算式的結果（最簡便的方法是利用近似值演算法 [2]），可以知道，2000 公斤的

2　此處可以利用近似值演算法：

$$(1 + a)^2 = 1 + 2a + a^2 \approx 1 + 2a，$$

$$1 \div (1 + a) = \frac{1(1 - a)}{(1 + a)(1 - a)} = \frac{1 - a}{1 - a^2} \approx 1 - a$$

其中的 a 是一個很小的數值，a^2 更可以忽略不計了，所以

$$2000 \div \left(1 + \frac{11.3}{6400}\right)^2 = 2000 \div \left(1 + \frac{11.3}{3200}\right) = 2000 \times \left(1 - \frac{11.3}{3200}\right) = 2000 - \frac{11.3}{1.6} = 2000 - 7 = 1993$$

東西上升到 11.3 公里的高度時，就會變得只有 1993 公斤重，也就是減少了 7 公斤。一個 1 公斤重的秤錘，在這個高度，會減少 3.5 克。

我們的平流層飛艇，在達到 22 公里高度的時候，重量減少得更多，每一公斤減少了 7 克。

飛行員尤馬舍夫在 1936 年的載重飛行中，帶著 5000 公斤的重物飛到了 8919 公尺的高空，依照上述演算法，可以計算出這個重物會減少 14 公斤。

1936 年飛行員阿列克謝耶夫將 1 噸的重物帶到 12695 公尺的高空，飛行員紐赫季科夫將 10 噸重物帶到 7032 公尺的高空，讀者可以試著算出這兩次重物各自減少了多少重量。

CB 5.3　使用圓規畫行星軌道

天才克卜勒從自然界所發掘出來的行星運動三大定律，大家最難理解的是第一條。根據這條定律，行星是按照橢圓形的軌道運行的。為什麼是橢圓形軌道呢？既然太陽吸引各個方向的物體的力量是均勻的，而且隨著距離的增加這種吸引力減少的程度也一致，那麼似乎行星就應當沿著太陽作圓形的運動，而不是以太陽為中心的橢圓形運動。本來，使用數學方法就可消除這些疑問，但是天文學愛好者們不一定都精通數學，所以我們現在試著用實驗來幫助只能理解初級數學的讀者解讀克卜勒定律。

準備一個圓規、直尺和一張大紙，我們自己來畫行星的軌道。這樣的話，我們就會從圖中看出，這些軌道正是和克卜勒定律所說的一樣。

行星的運動受萬有引力的控制。現在我們來解讀萬有引力。圖 85 中最上面那個大圓圈

代表太陽，左邊代表行星。假設它們之間的距離是 1000000 公里，圖中用 5 公分表示，也就是我們的比例尺是：200000 公里縮小成 1 公分。

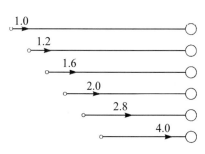

0.5 公分長的箭頭表示的是行星被太陽吸引的力量（圖 85）。現在假設行星在這個引力下向太陽靠近，到達距離太陽 900000 公里的地方，也就是圖中 4.5 公分的地方。太陽對行星的引力此時增大到原來的 $\left(\dfrac{10}{9}\right)^2$ 倍，也就是 1.2 倍。

圖 85　太陽吸引行星的力量隨著距離的減小而增大

如果將之前的引力作為一個單位，也就是說用 0.5 公分的箭頭表示一個單位，那麼現在的箭頭就應該長 1.2 個單位。當距離減少到 800000 公里，也就是圖中 4 公分的地方，引力增加到原來的 $\left(\dfrac{5}{4}\right)^2$ 倍 = 1.6 倍，箭頭也應該長 1.6 個單位。行星繼續接近太陽，在引力依次是 700000 公里，600000 公里和 500000 公里的時候，表示引力的箭頭長度依次變成 2 個單位、2.8 個單位和 4 個單位。

可以設想一下，上面的這些箭頭不僅表示引力，同時也表示天體在這些引力的作用下在同一時間內完成的位移（跟力的大小成正比）。在接下來的構圖中，我們將把這些圖作為行星位移的現成比例尺。

我們現在來畫繞太陽運轉的行星的軌道。假設在某一時刻，質量跟上面所講的相同的行星以 2 個長度單位的速度往 WK 方向運動。現在這顆行星到達了 K 點，距離太陽 800000 公里（圖 86）。它所受到的引力會使它在某一時間到達離太陽 1.6 單位長度的地方。在這段時間裡，行星要在 WK 上前行 2 個單位。結果，它就會沿 K1 和 K2 為邊的平行四邊形的對角線

KP 運動。這條對角線的長度是 3 個單位（圖 86）。

　　到達 *P* 點的時候，行星沿著 *KP* 方向以 3 單位的速度繼續前進。但同時在太陽的引力下，它離開太陽的距離為 *SP* = 5.8 單位的時候，它要沿著 *SP* 方向移動 *P*4 = 3 單位。結果，行星移動的距離就是另一平行四邊形的對角線 *PR*。

　　我們不再往下畫了，因爲這張圖的比例尺太大。顯然，比例尺越小，能夠畫上去的行星軌道就會越大，並且連接各線之間的尖角也不會那麼突出，這樣的話我們得到的圖形就會跟真正的軌道相似。圖 87 表示的就是一個較小的比例尺，描繪的是太陽和某一個重量跟前述行星差不多的星體之間的關係。可以明顯看出，太陽使這顆星偏離了原來的路線，使

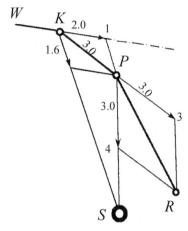

圖 86　太陽 *S* 是如何使行星前進的路線 *WKPR* 發生彎曲的

它沿著曲線 *P* Ⅰ Ⅱ ⅢⅣ Ⅴ Ⅵ 運動。這裡畫出來的角不是很尖銳，這樣我們就將行星和各個位置之間用一條光滑的曲線連接起來了。

　　這會是一條什麼樣的曲線呢？幾何學可以幫助我們回答這個問題。拿一張透明的紙鋪在圖 87 上，從這個行星運行軌道上隨意選取六點，然後按照任意順序為每一點編一個號，一次將這六個點連接起來（圖 88）。這樣，得到的就是一個六邊形的行星軌道，這個軌道有些邊是相交的。現在把直線 12 延長，使其和直線 45 相交於點 Ⅰ；再用同樣的方法，使直線 23 和 56 相交於點 Ⅱ，使直線 34 和直線 16 相交於點Ⅲ。如果我們所求的曲線是圓錐曲線中的一種──橢圓形、拋物線或者雙曲線──那麼點 Ⅰ、Ⅱ、Ⅲ 就應該在一條直線上，這就是幾何學上的「帕斯卡六邊形」。

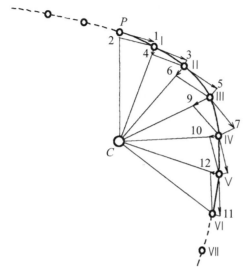

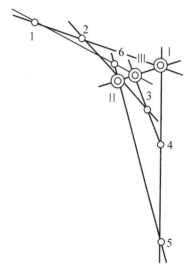

圖 87　太陽 C 使行星 P 偏離原來的直線路徑
　　　而走成了曲線

圖 88　天體要走圓錐曲線的幾何學證據

如果我們的圖畫得很仔細，那麼上述各點就會在一條直線上。這表明這條曲線一定是圓錐曲線：橢圓形、拋物線或者雙曲線。

現在我們使用同樣的方法解釋行星運動的第二條定律——面積定律。仔細觀察第 43 頁的圖 21，圖中的 12 個點把圖形分成 12 段。各段長度不一，但我們知道行星經過各段的時間是一樣的。將 1、2、3 等各點和太陽連接起來，如果把相鄰各點用弦相連，可以得到 12 個和三角形近似的圖形。測出這些三角形的底和高，算出各自的面積，我們會發現，這些三角形的面積都是相同的。換句話說，我們得出了克卜勒的第二條定律：在相等時間內，運動中的行星向量半徑所掃過的面積都是相等的。

這樣，圓規就幫助我們理解了行星運動的第一和第二定律。要明白第三條定律，需要用筆進行一些數字演算。

☙ 5.4　行星向太陽墜落

大家是否想過這樣一個問題：如果我們的地球碰到了某種障礙，突然停止它繞太陽運轉的運動，此時會有什麼事情發生呢？既然我們的地球是一個運動的物體，那麼首先應該想到的就是，它所儲存的巨大能量會轉變成熱，使地球燃燒起來。地球沿軌道運行的速度比槍彈快幾十倍。因此不難想像，它的動能轉換成熱能時，一定會讓我們的這個世界在瞬間化成一團炙熱的氣體雲。

即便地球突然停止以後能逃避這一厄運，但它依舊難以逃脫另一次葬身火海的災難：由於受太陽引力的作用，它會以越來越大的速度奔向太陽，最後葬身在太陽的烈焰中。

在向太陽墜落的過程中，最開始的速度會非常慢。在第一秒鐘時間內，地球會向太陽靠近 3 毫米。但是每隔一秒鐘，地球的速度就會快速增大，最後一秒的時候達到 600 公里，地球就會以這樣難以想像的速度猛烈撞擊炙熱的太陽表面。

有趣的是，這一過程會維持多久呢？克卜勒第三定律可以幫助我們進行計算。這條定律不僅適用於行星的運動，也適用於彗星和其他受萬有引力作用的一切天體。這條定律把行星繞日一周的時間（行星的一年）和它跟太陽的距離聯繫在一起。定律是這麼說的：行星軌道半長徑的立方，和它們繞日週期的平方之比是一個常量。

我們可以把直接飛向太陽的地球比作一個想像中的彗星，它沿著一條極其扁的橢圓形

軌道運動；橢圓形的兩個端點，一個在地球軌道附近，一個在太陽中心。顯然，這個彗星軌道的半長徑只有地球軌道半長徑的一半。我們來計算這個彗星運行的週期是多久。

根據克卜勒第三定律可得：

$$\frac{（地球繞日週期）^2}{（彗星繞日週期）^2}=\frac{（地球軌道的半長徑）^2}{（彗星軌道的半長徑）^2}$$

地球繞日週期是 365 天，如果把地球軌道的半長徑算作 1，那麼根據上面所講的內容，彗星軌道的半長徑應當是 0.5。我們的這個比例式轉換為：

$$\frac{365^2}{（彗星繞日週期）^2}=\frac{1}{(0.5)^3}$$

由此可算出

$$（彗星繞日週期）^2=365^2\times\frac{1}{8}$$

結果得到

$$彗星繞日週期=365\times\frac{1}{\sqrt{8}}=\frac{365}{\sqrt{8}}$$

但我們感興趣的並不是這個想像中的彗星繞日的整個週期，而只是這個週期的一半。也就是說，這個彗星從軌道的這一頭飛到那一頭（從地球飛到太陽）的時間。因為這才是我們所要尋求的地球落在太陽上所需的時間，計算的結果是：

$$\frac{365}{\sqrt{8}}\div2=\frac{365}{2\sqrt{8}}=\frac{365}{\sqrt{32}}=\frac{365}{5.6}$$

這就是說，地球落到太陽上需要的時間，是一年的長度除 $\sqrt{32}$（即 5.6），結果是 64 天。

這樣我們就計算出來了，當地球繞太陽的運動突然停止時，會在兩個多月的時間內墜落到太陽上。

很容易看出，根據克卜勒第三定律所求出的簡單公式不僅適用於地球，也適用於其他任何行星，甚至衛星。換句話說，想要知道行星或者衛星需要多少時間才會降落到它們的中心天體上，只要用它們的繞日週期除以 5.6 就可以了。

因此，離太陽最近的、繞日週期是 88 日的水星，會在 15.5 日內落在太陽上；海王星上的一年相當於 165 個地球年，它會在 29.5 年內落在太陽上；冥王星則需要經過 44 年上。

那麼，如果月亮突然停止運動的話，會在多久的時間內落到地球上呢？月亮的繞日週期是 27.3 日，用這個數除以 5.6，結果差不多是 5 天。不只是月亮，凡是和月球一般遠近的星體，如果只是受到地球引力的影響，而沒有一點初速度的話，都會在 5 天的時間內落到地球上（爲了簡單起見，我們沒有考慮太陽的影響。）。利用這個公式，我們不難算出凡爾納《炮彈奔月記》中炮彈飛向月球所需要的時間。

∞ 5.5 赫菲斯托斯的鐵砧

我們現在利用上述方法解答一個神話裡的有趣問題。古希臘神話講到鍛冶之神赫菲斯托斯時說到，這位神有一次讓鐵砧從天上降落下來，一共落了整整 9 天。按照古代人的想法，這個時間是符合他們對神所居住的天堂很高的想法的，要知道鐵砧從金字塔上掉落下來不過只需要 5 分鐘而已。

不難算出，古代希臘人所謂的眾神居住的廟宇，按照我們現在的理解，實在是太小了。

我們已經知道，月球落到地上需要 5 天，神話中所說的鐵砧需要 9 天。由此可見，鐵砧所在的天堂比月球的軌道離地面更遠。那麼究竟有多遠呢？用 $\sqrt{32}$ 乘以 9，我們就得到鐵砧繞地球一周的時間是 $9 \times 5.6 = 51$ 日。現在我們運用克卜勒第三定律，可以得到：

$$\frac{（月球繞地球週期）^2}{（鐵砧繞地球週期）^2} = \frac{（月球的距離）^2}{（鐵砧的距離）^2}$$

代入數字，可得：

$$\frac{27.3^2}{51^2} = \frac{380000^2}{（鐵砧的距離）^2}$$

由此不難算出鐵砧和地球的距離：

$$鐵砧的距離 = \sqrt[3]{\frac{51^2 \times 380000^3}{27.3^2}} = 380000 \sqrt[3]{\frac{51^2}{27.3^2}}$$

最後得到的結果是：580000 公里。

因此，對現代天文學家來說，古代希臘人的天地距離實在太短了 —— 這個距離不過是月球距離地球的 1.5 倍。古代希臘人的宇宙邊緣，不過是我們宇宙的起點。

⌘ 5.6　太陽系的邊緣

運用克卜勒第三定律，我們可以進行如下計算：倘若把彗星軌道最遠的一端（遠日點）作為太陽系的邊界，那麼太陽系的邊界應該在什麼地方？我們前面已經談到過這一點，現在使用已知公式來進行計算。在第三章裡，我們談到有一顆繞日週期最長的彗星，它繞日一周需要 776 年，它和太陽最近的距離是 1800000 公里。

我們用地球作比較（地球到太陽的距離是 150000000 公里），可以得到：

$$\frac{776^2}{1^2} = \frac{\left[\frac{1}{2}(x+1800000)\right]^2}{150000000^3}$$

由此得出　　　　　　$x + 1800000 = 2 \times 150000000 \sqrt[3]{776^2}$

求出　　　　　　　　$x = 25330000000$ 公里

我們可以看到，當這顆彗星距離太陽最遠時，是地球到太陽距離的 181 倍，這也就意味著，它是我們所知的最遠的行星冥王星和太陽之間距離的 4.5 倍。

5.7　凡爾納小說中的錯誤

凡爾納在小說中提到一顆他假想出來的叫做哈利亞的彗星，這顆彗星繞太陽一周的時間是地球上的兩年。此外，小說中還說，這顆彗星的遠日點離太陽 82000 萬公里。小說中沒有指出彗星的近日點和太陽之間的距離，但是由上面兩個數字可以判斷出，這樣的彗星在太陽系中是不會存在的。我們可以使用克卜勒第三定律進行論證。

假設這顆彗星的近日點到太陽的距離是 x 百萬公里，這樣它的軌道長徑就可以用 $x +$ 820 百萬公里來表示，半徑就是 $(x+820) \div 2$ 百萬公里。地球到太陽的距離是 150 百萬公里。將這個彗星的繞日週期和距離跟地球做比較，可以得到：

$$\frac{2^2}{1^2} = \frac{(x+820)^3}{2^3 \times 150^3}$$

可以算出 $x = -343$

也就是說彗星的近日點和太陽的距離是負數，這和問題中的兩個數目不相符合。換句話說，繞日週期爲兩年這麼短的彗星，絕不會像凡爾納小說中說所描述的那樣距離太陽那麼遠。

∞ *5.8*　怎麼秤地球的重量？

有人覺得天文學家能發現遙遠的星星很神奇。其實他們還有更神奇的本事，能「秤出」地球和各遙遠天體的質量。他們是使用什麼方法來秤的呢（圖 89）？

我們先來「秤」地球。首先應當明白「地球的重量」指的是什麼。我們在說到物體的重量時，指的總是這個物體加在支撐它的物體上的壓力或者是在彈簧秤上的拉力。無論是壓力還是拉力對地球都不適用，因爲既沒有支撐地球的物體，也不能將它掛在任何東西之上。如此說來，沒有可以測量的方法，那麼科學家是如何確定地球的重量的呢？其實，他們計算的是它的質量。

實際上，我們在商店裡讓店員秤 1000 克白糖的時候，我們感興趣的不是這份白糖加在秤上的壓力或者拉力，我們感興趣的是另外的東西：這份糖可以沖出多少杯甜茶？換句話說，我們只對糖裡物質的分量感興趣。

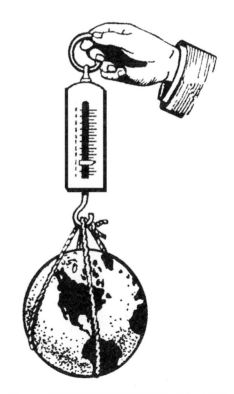

圖 89　使用什麼樣的秤可以「秤」地球

衡量物質分量的方法只有一種，那就是找出這個物體被地球所吸引的力量有多大。我們已經知道，同分量的物質一定有相同的質量，而物質的分量是可以從它所受的引力判斷出來的，因此，質量和引力成正比。

現在來講地球的重量。如果知道地球的質量，就可以知道它的重量了。因此，地球的重量問題就轉化成計算它的質量的問題了。

我們現在來講述一種計算地球質量的方法（1871 年，喬里法）。

從圖 90 中可以看出，這是一個十分靈敏的天平，它的橫樑兩端各有兩個輕得幾乎沒有質量的盤，一上一下。兩個盤之間的距離是 20 ～ 25 公尺。在右邊下盤裡放一個球形物體，質量是 m_1。為了維持天平的平衡，需要在左邊上盤裡放一個質量為 m_2 的盤，這兩個物體的質量會不等，因為它們的位置高低不一樣。如果質量相同的話，它們所受的地球的引力就會不同。如果在右下盤放一個質量為 M 的大鉛球，天平的平衡就會被破壞，因為 m_1 會被鉛球 M 以 F 的力量吸引。這個 F 會和這兩者的質量成正比，並和兩者之間的距離 d 的平方成反比：

$$F = k \frac{m_1 M}{d^2}$$

式中的 k 是所謂的引力常數。

為了使天平保持平衡，我們在左上盤放上一個很小的重物，質量為 n，這個小重物壓在秤盤上的力量和它自身的重

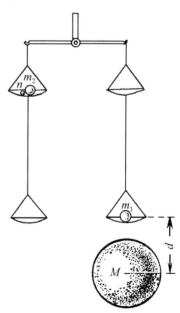

圖 90　一種「秤」地球的方法：使用喬里天平

量相等，也就是說，和地球的整個質量吸引這個小重物的引力相等，這個力 F' 等於：

$$F' = k\frac{nM_e}{R^2}$$

此處的 M_e 是地球的質量，R 是地球的半徑。

鉛球的存在對左上盤的物體只有極其微小的影響，我們可以忽略不計，那麼這個算式可以轉化爲：

$$F = F' \quad \text{或} \quad \frac{m_1M}{d^2} = \frac{nM_e}{R^2}$$

這個算式中，除了地球的質量之外，其餘的數字都是可以求出來的。所以地球的質量 M_e 也可以求得出來。

有關地球的質量，多次測出的結果是 5.974×10^{27} 克，也就是大約 6×10^{21} 噸。這個數目的誤差不會大於 0.1%。

天文學家就是這樣求出地球的質量的。我們可以說，他們已經「秤」過了地球，因爲我們在使用天平秤物體的重量的時候，實際上測定的總是質量，而不是重量或者地球的引力，只是我們讓物體的質量等於砝碼的質量罷了。

☘ 5.9　地球的核心是什麼？

我們可以再次糾正一下通俗書籍和文章裡常見的錯誤。那些作者往往爲了方便起見，這樣來解釋「秤」：科學家算出每立方公分地球的平均重量（地球的密度），然後用幾何學方法算出地球的體積，用密度乘以體積，就算出了地球的重量。其實這種方法是行不通的：

我們不能直接測出地球的密度，因為我們所能探知的不過是地球較薄的外殼[3]，而地球體積的絕大部分是什麼物質構成的，我們並不知道。

實際上，問題的解決方法剛好相反：在確定地球的平均密度之前，需要先求出它的質量。已知地球的平均密度是每平方公分 5.5 克，這個數目比地殼的平均密度大很多。這也說明，地球深處有極重的物質存在。根據一些資料我們知道，地球的中心是一些鐵元素構成的。

∽ 5.10 太陽和月球的重量

奇怪的是，太陽雖然距離遙遠，但是它的重量卻比離我們較近的月亮更容易求出來（當然，這裡的「重量」，是指質量而言）。

我們使用以下論證方法來計算太陽的質量。實驗證明，1 克的物體對於相距 1 公分的另一個物體的引力等於 $\dfrac{1}{15000000}$ 毫克[4]。兩個質量分別為 M 和 m 的物體，相距 D 時，根據萬有引力定理，彼此之間的引力 f 是：

$$f = \frac{1}{15000000} \times \frac{Mm}{D^2}$$

如果太陽的質量 M 用克表示，m 是地球的質量，D 是太陽和地球之間的距離，等於

3　地殼上的礦物只探究到 25 公里深。計算的結果告訴我們，在礦物學上所探究到的地球，只有地球全部體積的 $\dfrac{1}{85}$。

4　精確地說，是用達因做單位；1 達因＝ 0.98 毫克。

150000000 公里，那麼，它們之間的引力等於

$$\frac{1}{15000000} \times \frac{Mm}{15000000000000^2} \text{ 毫克}$$

此外，這個引力就是把地球維持在軌道上的那個向心力。在力學中它等於 $\frac{Mm}{D^2}$，此處的單位是毫克。這裡的 m 是地球的質量（克），v 是地球的公轉速度，等於 30 公里／秒，或者 3000000 公分／秒，D 是地球到太陽的距離。由此可得：

$$\frac{1}{15000000} \times \frac{Mm}{D^2} = m \times \frac{3000000^2}{D}$$

從這個方程式可以求出未知數 M（克）：

$$M = 2 \times 10^{33} \text{ 克} = 2 \times 10^{27} \text{ 噸}$$

用這個數字除以地球的質量：$\frac{2 \times 10^{27}}{6 \times 10^{21}} = 330000$

還有一種運用克卜勒第三定律求太陽質量的方法。把這一定律和萬有引力原理結合在一起，得到一個公式：

$$\frac{(M_s + m_1)}{(M_s + m_2)} = \frac{T_1^2}{T^2} = \frac{a_1^3}{a_2^3}$$

這裡的 M_s 是太陽的質量，T 是行星繞日的恆星週期[5]，a 是行星到太陽的平均距離，m 是行星的質量。將這個法則運用到地球和月亮，可以得到：

5　所謂恆星週期，是指在太陽上觀測，在恆星的背景上看到的行星繞日一周的時間，跟地球上觀測的所謂會合週期不同。——譯者注

$$\frac{M_s + M_e}{(M_e + m_m)} = \frac{T_e^2}{T_m^2} = \frac{a_e^3}{a_m^3}$$

代入各個已知的資料，因為我們要求的是近似值，所以可以把分子中地球的質量略去，因為它和太陽的質量比較起來太小了，分母中的月球質量也可以省去，這樣就得到：

$$\frac{M_s}{M_e} = 330000$$

知道了地球的質量，就可以求出太陽的質量了。

這樣就可以知道太陽的重量是地球的 330000 倍。

太陽的平均密度也很容易能求出來：只需要用太陽的體積去除太陽質量就可以。算出的結果顯示，太陽的密度是地球的 $\frac{1}{4}$。

至於月球的質量，就像一位天文學家說的：「它的距離雖然比別的天體都近，但是秤出它的重量卻比秤出（當時）最遠的海王星還難。」月亮沒有衛星。科學家採取了一些更為複雜的方法來求月球的重量。這裡介紹其中一種：將太陽引起的潮汐和月亮引起的潮汐的高度進行比較。

潮汐的高度與引起它的天體質量和距離有關。太陽的質量和距離已知，月球的距離也是知道的，所以比較潮汐的高度就可以幫助我們算出月球的質量。我們稍後講潮汐的時候會提到這個問題。再此先給出一個最終結論：月球的質量是地球的 $\frac{1}{81}$（圖 91）。

既然月球的半徑是知道的，那麼就可以求出它的體積了。它的體積是地球的 $\frac{1}{49}$。所以，月球的平均密度和地球的平均密度之比是：

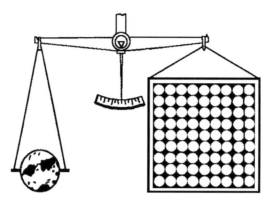

圖 91　地球的重量是月球的 81 倍

$$\frac{49}{81} = 0.6$$

這就是說，月球的物質平均比地球的物質鬆，但比構成太陽的物質更密。

❃ 5.11　行星和恆星的重量與密度

任何一顆行星，只要它有一個衛星，我們就可以用「秤」太陽的方法秤出它的重量。

知道了這個衛星圍繞其行星運行的速度 v 和它與行星之間的平均距離 D，我們就能求出向心力（使得這個衛星不跑出軌道的力）$\dfrac{mv^2}{D}$，以及這個行星和衛星之間的相互引力 $\dfrac{kmM}{D^2}$，它們之間可以畫等號。此處的 k 是 1 克物體對 1 公分遠處的另一個 1 克的物體的引力，m 是衛星的質量，M 是行星的質量：

$$\frac{mv^2}{D} = \frac{kmM}{D^2}$$

由此可以得出：

$$M = \frac{Dv^2}{k}$$

用這個公式，就可以算出行星的質量 M 了。

此處也可以使用克卜勒第三定律：

$$\frac{(M_s + M_{行星})}{M_{行星} + m_{衛星}} \times \frac{T_{行星}^{\ 2}}{T_{衛星}^{\ 2}} = \frac{a_{行星}^{\ 3}}{a_{衛星}^{\ 3}}$$

這個公式中括弧裡面的可以略去衛星的質量，這樣可以得出太陽的質量和行星的質量比例（$\frac{M_s}{M_{行星}}$）。太陽的質量已知，所以很容易就可以算出行星的質量了。

這樣的方法也可以運用到雙星上，唯一的不同在於，這樣求出的結果不是這個雙星裡各星的質量，而是它們的質量之和。

要求行星的衛星的質量或者一個衛星也沒有的行星質量，就困難很多了。

例如，水星和金星的質量，只能根據它們彼此間的干擾作用、它們對地球的干擾和它們對某些彗星的聯動所產生的干擾作用來進行計算。

小行星的質量非常小，因而彼此之間不會有任何干擾作用，所以小行星的質量也是難以計算的。我們只猜測出全部這些小行星總質量的上限，並且也不一定正確。

知道了行星的質量和體積，可以算出它們的平均密度：

地球的密度 = 1

水　星	1.00	木　星	0.24
金　星	0.92	土　星	0.13
地　球	1.00	天王星	0.23
火　星	0.74	海王星	0.22

由此可以看出，地球在太陽系中的密度居首。那些大行星的平均密度之所以比較小，是因爲大行星堅硬的核外有厚厚的大氣包圍著。這種大氣的質量很小，但卻使行星的體積看上去很大。

☙ *5.12*　月球上和行星上的重力

對天文學沒有多大了解的人，當聽說科學家在沒有親身到過月球和行星的情況下卻能有把握地說出這些天體表面的重力時通常都會表示出驚奇。實際上，一個生物到了另一個天體之後的重量是多少，是比較容易算得出來的。只需要知道這個天體的半徑和質量就可以了。

例如，我們來計算月球上的重力吧！我們知道月球的質量是地球質量的 $\frac{1}{81}$。如果地球的質量有這麼小，那麼地面上的重力就會是現在的 $\frac{1}{81}$。根據牛頓定律，球形物體的引力，它的質量就好像是集中在球心一般。地球中心和地面的距離是地球的半徑，月球中心和月面的距離是月球的半徑。月球的半徑是地球半徑的 $\frac{27}{100}$，所以月球的引力應當是地球引力的 $\left(\frac{100}{27}\right)^2$ 倍。綜合這兩個因素，月面上的引力就應當等於地球引力的

$$\frac{100^2}{27^2 \times 81} \approx \frac{1}{6}$$

因此，地球上重 1000 克的物體，在月球上只會有 $\frac{1}{6}$ 公斤。但是減少的重量只能在彈簧秤上測出來，而不能在天平上發現。

有趣的是，如果月球上有水的話，游泳的人在月球表面水裡的感覺會和他在地球表面水裡的感覺一樣。他的體重減少到 $\frac{1}{6}$，但是他排開的水也減輕到 $\frac{1}{6}$，兩者之比仍然和地球上的比一樣。因此，游泳的人在月球上入水的深度和他在地球上的情況也是一樣的。

但是這個人在月球上卻更容易把自己的身體升到水面來，因為他的體重減輕了，所以只需要很小的肌肉的作用力就可走出水面。

以下是各大行星上的重力和地球上重力的比較：

水星上：0.26	金星上：0.90
地球上：1.00	火星上：0.37
土星上：1.13	天王星上：0.84
海王星上1.14	木星上：2.64

可以看出，地球上的重力在木星、海王星和土星之後，排第四位（圖 92）。

ᘓ *5.13* 最大的重力

第四章裡，我們談到白矮星型的天狼星 B 星表面的重力極大。這很容易理解，因為這

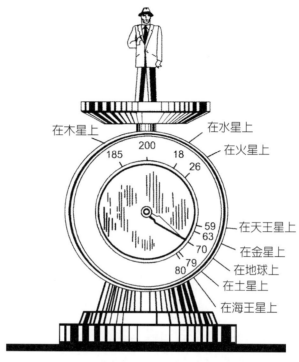

圖 92　同一個人在各大行星上的重量

類天體的質量很大，半徑很小，所以表面的重力作用非常明顯。現在我們計算一下仙后座裡的一顆白矮星。這顆星的質量是太陽的 2.8 倍，其半徑是地球的一半。我們知道，太陽的質量是地球的 330000 倍。由此可知，這顆恆星表面的重力是地球表面重力的：

$$2.8 \times 330000 \times 2^2 = 3700000 倍$$

1 立方公分的水在地面上重 1 克，拿到這顆星上就幾乎是 3.7 噸！構成這顆恆星的物質的密度，是水的密度的 36000000 倍。所以 1 立方公分的這種物質，在這個神奇的世界裡的

質量會重得嚇人：

$$3700000 \times 36000000 = 133200000000000 克$$

手指大小的一點物質的重量，竟然是一億多噸！這樣的奇事，以前最大膽的幻想家也絕對想不到。

∞ *5.14* 行星深處的重力

如果把物體放到行星內部深處，比如一個幻想的深井底部，這個物體的重量會發生什麼樣的改變呢？

很多人認為，這樣的話，物體會變得更重，因為它距離行星的位置更近了。但這種想法是不對的。行星中心的引力不是深度越大越強，相反，是越深越弱。我們在此只簡要敘述。

力學證明，如果把一個物體放在一個均勻的空心球裡面，這個物體不受到任何引力（圖93）。由此可推知，一個均勻實心球內部的物體所受到的引力，只來自於以這個物體和實心球中心的距離作半徑的球形中的物質（圖94）。

這樣，我們就不難推算出物體重量是隨著離行星中心的遠近而改變的規律。我們用 R 表示行星半徑，r 表示物體和行星中心的距離（圖95）。物體在這一點所受的引力，一方面應當增加到原來的 $\left(\dfrac{R}{r}\right)^2$ 倍（因為距離縮短了），另一方面又應當減少到原來的 $\dfrac{1}{\left(\dfrac{R}{r}\right)^3}$（因為行星中發揮引力作用的部分減少了）。這樣，引力應當減少：$\left(\dfrac{R}{r}\right)^3 \div \left(\dfrac{R}{r}\right)^2 = \dfrac{1}{\dfrac{R}{r}}$。

 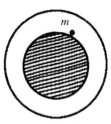 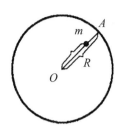

圖 93　空心球內部的物體不受空心球引力作用

圖 94　行星內部的物體的重量，只跟斜線部分的物質有關

圖 95　物體的重量隨著距離行星中心的遠近而發生變化

　　這也就是說，物體在行星內部深處的重量與它在行星表面的重量之比等於它離行星中心的距離與行星半徑之比。對一個如地球般大小、半徑為 6400 公里的行星而言，在它內部深處 3200 公里其重量會減少到原來的一半；當位於它深處 5600 公里的時候，重量會減少到原來的 $\frac{1}{8}$。

　　在行星中心，物體的重量就會全部失去了，因為：

$$(6400 - 6400) \div 6400 = 0$$

　　其實不經過計算也可以明白這一點。因為，當物體位於星體內部時，它所受到的來自各方面的引力是一樣的（互相抵消了）。

　　然而，上面的推理只適用於密度均勻的理想行星。它還需要加以修正才能適用於實際的行星。比如說，地球深處的密度比近地面大，所以引力隨著距離中心的遠近而變動的規律會和剛才所講的有所不同。它的引力在距離地面不是很深的部分時是隨著深度增加而增

加的，只有繼續深入的時候它才開始減少。

○ 5.15　有關輪船的問題

【題】一艘輪船是在月夜較輕，還是在無月的夜晚較輕？

【解】這個問題要想像得複雜些才行。我們不能急於得出結論說，月夜裡的輪船或者說在月光照射下的半個地球上的所有物體，應該都比無月的夜晚更輕，因為「有月亮在吸引著它們」。要知道月亮在吸引輪船的同時，也吸引著地球。在真空中，所有的物體都以相同的速度運動。地球和輪船從月球的引力中得到的加速度一樣，因此，輪船重量的減輕是察覺不出來的。但事實上，月夜的輪船確實比無月的夜晚更輕，這是為什麼呢？

我們現在來解釋一下原因。假設圖 96 中的 O 是地球中心，A 和 B 是位於地球兩端的輪船，r 是地球半徑，D 是月球中心 L 到地心 O 的距離。M 是月亮的質量，m 是輪船的質量。為簡便計算，假設 A 和 B 跟月球位於同一條直線，亦即月球在 A 的天頂，在 B 的天底。月球吸引位於 A 點的輪船的力（也就是輪船在月夜裡所受到的月球的引力）等於：

$$\frac{kMm}{(D-r)^2}$$

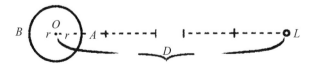

圖 96　月球引力對地球上各微粒所起的作用

這裡的 $k = \dfrac{1}{15000000}$ 毫克。

B 點的輪船受到的月球的引力，也就是輪船在沒有月亮的晚上所受到的引力，等於：

$$\frac{kMm}{(D+r)^2}$$

這兩個引力的差等於：

$$kMm \times \frac{4r}{D^3\left[1-\left(\dfrac{r}{D}\right)^2\right]^2}$$

由於 $\left(\dfrac{r}{D}\right)^2 = \left(\dfrac{1}{60}\right)^2$ 是一個很小的數值，所以我們略去不計。因而上式可以簡化成：

$$kMm \times \frac{4r}{D^3}$$

這個式子可以變形為：

$$\frac{kMm}{D^2} \times \frac{4r}{D} = \frac{kMm}{D^2} \times \frac{1}{15}$$

那麼 $\dfrac{kMm}{D^2}$ 指的是什麼呢？不難猜出，這就是當輪船和地球中心的距離是 D 的時候，月球對輪船的引力。我們再來看，質量是 m 的輪船在月面上的重力是 $\dfrac{m}{6}$。所以，當距離地球為 D 的時候，輪船的重量是 $\dfrac{m}{6D^2}$。

因為 $D = 220$ 個月球半徑，所以

$$\frac{kMm}{D^2} = \frac{m}{6 \times 220^2} \approx \frac{m}{300000}$$

現在我們來計算引力差：

$$\frac{kMm}{D^2} \times \frac{1}{15} \approx \frac{m}{300000} \times \frac{1}{15} = \frac{m}{4500000}$$

如果輪船重 45000 噸，那麼它在月夜和非月夜的重量之差是：

$$\frac{45000000}{4500000} = 10 \text{ 公斤}$$

由此可見，月夜裡的輪船比沒有月亮的夜晚的輪船要輕，但是它們的重量之差是很小的。

∞ 5.16 月球和太陽所引起的潮汐

剛才研究的問題可以幫助我們闡釋潮汐漲落的原因。但不要認為，潮汐就純粹是由太陽或者月亮直接吸引地面上的水而引起的。我們已經說過，月球不但可以吸引地面上的物體，還在吸引整個地球。然而，月球引力中心和地球中心的距離，總是比地球朝向月球那一面上的水的距離更遠。使用剛才的方法，可以求出此處的引力差。在正對著月球的那一點，每 1000 克水所受的月球的引力比地心每 1000 克物質所受到的月球的引力強 $\frac{2kMr}{D^2}$ 倍；而背向月球的地球上的水，受到的引力卻要弱 $\frac{1}{\frac{2kMr}{D^2}}$ 倍。

由於存在這麼一個差距，因而這兩個地方的水都要離開地球的表面：前者是因為水向月球移動的距離比地球的固體部分向月球移動的距離大；後者是因為地球的固體部分向月球移動的距離比水向月球移動的距離大 [6]。

6　這裡說的只是潮汐漲落的基本原因；總的來說，這是個很複雜的現象，因為還有其他因素在起作用。

　　太陽的引力對大洋的水也起著同樣的作用。那麼，太陽和月亮，哪一個的作用力更大呢？如果我們比較二者的絕對引力，肯定是太陽的作用力大。事實上，太陽的質量是地球質量的 330000 倍，月球的質量又只有地球的 $\frac{1}{81}$。太陽質量是月球質量的 330000×81 倍。因此，從太陽到地球的距離相當於 23400 個地球半徑，月球到地球的距離是 60 個地球半徑。所以，地球受到的太陽引力和它受到的來自月球的引力之比是：

$$\frac{330000 \times 81}{23400^2} \div \frac{1}{60^2} \approx 170$$

　　這樣就可以知道，太陽對於地球上的所有物體的引力，是月球引力的 170 倍。也許我們就會因此認為太陽所引起的潮汐比月亮引起的高，事實卻剛好相反：月潮比日潮更大。如果我們用 M_s 表示太陽的質量，用 M_m 表示月亮質量，D_s 是地球到太陽的距離，D_m 是地球到月球的距離。那麼，太陽和月球之間的引潮力之比等於：

$$\frac{2kM \cdot r}{D_s^3} \div \frac{2kM \cdot r}{D_m^3} = \frac{M_s}{M_m} \times \frac{D_m^3}{D_s^3}$$

　　已知，太陽的質量是月球的 330000×81 倍，太陽又比月球遠 400 倍，所以

$$\frac{M_s}{D_m} \div \frac{D_m^3}{D_s^3} = 330000 \times 81 \times \frac{1}{400^3} = 0.42$$

　　由此可得，太陽引起的潮汐是月亮引起的潮汐的 $\frac{2}{5}$。

　　在此順便指出，怎樣透過比較月潮和日潮的高度來推算月球的質量。

　　分別觀察日潮和月潮是不可能的，因為太陽和月亮總是同時在起作用。但是我們可以在兩個天體所產生的作用增長的時候測量潮水的高度（太陽和月球以及地球在同一直線上

的時候），在它們的作用互相抵消的時候測量潮水的高度（連接太陽和地球的那條直線恰好和連接地球與月亮的直線垂直的時候）。結果顯示，第二種潮在高度上是第一種的 0.42。

如果我們用 x 代表月球的引潮力，y 表示太陽的引潮力，那麼：

$$\frac{x+y}{x-y} = \frac{100}{42}$$

可得

$$\frac{x}{y} = \frac{71}{29}$$

利用前面的式子，可得

$$\frac{M_s}{M_m} \times \frac{D_m{}^3}{D_s{}^3} = \frac{29}{71}$$

太陽的質量 $M_s = 330000M_e$，這裡的 M_e 是地球的質量。

從上面的方程式，可以得到：

$$\frac{M_e}{M_m} = 80$$

也就是說，月球的質量是地球的 $\frac{1}{80}$。更精確的計算顯示，月球的質量是地球質量的 0.0123 倍。

∝ 5.17　月球和氣候

　　許多人都對這樣一個問題感興趣：月球對地球大氣中所產生的潮汐，對大氣的壓力會產生什麼樣的影響？地球大氣裡的潮汐是俄國偉大的科學家羅蒙諾索夫發現的，他把這種潮汐取名為「空氣波」。研究這個問題的人很多，但有關空氣潮汐的作用卻依舊有很多錯誤的看法。非內行的人通常認為，月球會在地球上易流動的大氣中引起很大的浪潮。他們據此就認為這種浪潮可以大大改變大氣的壓力，並且對氣象也有決定性的作用。

　　這種觀點完全是錯誤的。理論證明，大氣潮汐的高度不會超過大洋上水的潮汐的高度。這聽起來很奇怪，因為即便是底層空氣的最大密度，也只有水的密度的 $\frac{1}{1000}$。那為什麼月球的引力不會把空氣吸引到 1000 倍高的地方呢？這個問題，就如同輕重不同的物體在真空中降落的速度相同一樣，讓人覺得很奇怪。

　　我們回想一下中學時候做的一個實驗。把一個小鉛球和一根羽毛同時放在一個真空玻璃管中。鉛球並不比羽毛墜落得更快。潮汐現象，歸根到底不過是地球和地面的水在月亮或者太陽的引力作用下向宇宙空間墜落而已。如果宇宙空間是真空，那麼一切物體，不論輕重，只要它們距離引力中心的遠近一樣，就都會以同樣的速度墜落，並且在萬有引力的作用下，它們移動的位置也一樣。

　　這樣我們就該明白，大氣中潮汐的高度應當和遠離海岸的大洋上的潮汐的高度相同。實際上，如果我們再來看看計算潮水高度的公式，可以看出公式中只有月球和地球的質量、地球的半徑以及月球跟地球的距離，而沒有液體的密度和空氣的密度。所以，當我們用空

氣來代替水的時候，結果是不會發生變化的。但是海洋中的潮汐高度是很小的，在廣闊的海洋上，理論上最高的潮汐不超過 0.5 公尺。靠近岸邊的地方，因為潮水受到地形阻力的影響，潮頭在有的地方會達到 10 公尺以上。

在無邊無際的空氣海洋裡，沒有任何東西能夠影響月潮的理論結果並改變它的理論高度（0.5 公尺）。所以，它對空氣壓力所施加的影響，也就是很小的了。

拉普拉斯當年在研究空氣潮汐理論以後，認為由潮汐所引起的大氣壓力的變化不會超過 0.6 毫米汞柱，而空氣潮汐所引起的風速也不會大於每秒鐘 7.5 公分。

顯然，空氣潮汐是絕不會在各種影響天氣的因素裡產生重要作用的。

這一推論，就使得許多「月亮預言家」根據月亮在天上的位置所做的天氣預報，似乎變得毫無根據了。

國家圖書館出版品預行編目 (CIP) 資料

趣味天文學 / 雅科夫・伊西達洛維奇・別萊利曼著；劉玉中譯 . -- 初版 . -- 臺北市：五南 , 2018.12
　　面；公分
譯自：Entertaining astronomy
ISBN 978-957-11-9929-0(平裝)

1. 天文學

320　　　　　　　　　　　　　　　107014808

學習高手系列119

ZC15

趣味天文學

作　　　者－雅科夫・伊西達洛維奇・別萊利曼（Я.И.Перельман）
譯　　　者－劉玉中
校　　　訂－郭鴻典
發 行 人－楊榮川
總 經 理－楊士清
總 編 輯－楊秀麗
主　　　編－高至廷
責任編輯－許子萱
封面設計－蝶億設計
出 版 者－五南圖書出版股份有限公司
地　　　址：106 台北市大安區和平東路二段 339 號 4 樓
電　　　話：（02）2705-5066　　傳　　真：（02）2706-6100
網　　　址：http://www.wunan.com.tw
電子郵件：wunan@wunan.com.tw
劃撥帳號：01068953
戶　　　名：五南圖書出版股份有限公司
法律顧問　林勝安律師事務所　林勝安律師
出版日期　2018 年 12 月初版一刷
　　　　　2019 年 7 月初版二刷
定　　　價　新臺幣 320 元

經典永恆·名著常在

五十週年的獻禮——經典名著文庫

五南，五十年了，半個世紀，人生旅程的一大半，走過來了。

思索著，邁向百年的未來歷程，能為知識界、文化學術界作些什麼？

在速食文化的生態下，有什麼值得讓人雋永品味的？

歷代經典·當今名著，經過時間的洗禮，千錘百鍊，流傳至今，光芒耀人；

不僅使我們能領悟前人的智慧，同時也增深加廣我們思考的深度與視野。

我們決心投入巨資，有計畫的系統梳選，成立「經典名著文庫」，

希望收入古今中外思想性的、充滿睿智與獨見的經典、名著。

這是一項理想性的、永續性的巨大出版工程。

不在意讀者的眾寡，只考慮它的學術價值，力求完整展現先哲思想的軌跡；

為知識界開啟一片智慧之窗，營造一座百花綻放的世界文明公園，

任君遨遊、取菁吸蜜、嘉惠學子！